本书的视频制作得到了"乡村振兴战略下'三农'融合出版探索"项目的资助

扫码看视频·病虫害绿色防控系列

荔枝 龙眼病虫害绿色防控彩色图谱

陈炳旭 等 编著

U0380933

中国农业出版社
北 京

编委会
EDITORRIAL BOARD

中国是荔枝、龙眼的原产地，栽培历史超过2000年，种植面积约99万公顷，年产值超过400亿元，种植面积和产量均位居世界首位。荔枝、龙眼主产于广东、广西、海南、福建、云南以及四川泸州等热带、亚热带地区，这些地区气候温和、环境湿润极利于病虫害的发生。当前，荔枝、龙眼的生产模式仍以散户种植经营为主，管理水平参差不齐，种植者对病虫害缺乏了解和认识，防控措施十分单调，技术不配套、不系统，用药不科学，乱用和滥用农药的情况十分严重，致使农药残留问题日益突出，对我国发展绿色荔枝、龙眼产业及扩大出口外销造成了极为不利的影响。为减少农药的使用量，发展绿色荔枝、龙眼产业，我们编著了本书，旨在帮助广大种植者正确识别荔枝、龙眼的各种病虫害，掌握相应的绿色防控技术，为荔枝、龙眼产业升级提供技术支撑。

本书共收集荔枝、龙眼常见病害12种，虫害108种。其中病害包括真菌性病害8种，病毒病害、寄生藻类病害、地衣类病害、苔藓类植物病害各1种；害虫包括鳞翅目害虫43种，半翅目害虫35种，鞘翅目害虫19种，其他害虫害螨如双翅目、膜翅目、缨翅目及螨类等共11种。对各种病虫害的分类地位、形态特征、田间症状、发生特点等分别进行了描述，并配以高清原色图片400多幅，有助于田间对病虫害的识别与鉴定。同时，用图、文、表相结合的形式向读者直观表述了各种病虫害的发生规律和特点，并提供一套简便高效的绿色防治技术措施，为病虫害精准防治提供技术支撑。

　　本书编著者主要成员为广东省农业科学院植物保护研究所专业技术人员，同时也是国家现代农业（荔枝、龙眼）产业技术体系病虫害防控岗位专家和成员，长期从事荔枝、龙眼病虫害防治研究工作，熟知荔枝、龙眼病虫害的发生特点和有效的防控技术，拥有丰富实践经验，从而保证了本书的内容和技术更贴近于实际应用，能真正帮助农民解决实际问题。

　　本书中有一些图片由广东省农业科学院果树研究所潘学文和李建光研究员、华南农业大学许益镌教授、广西大学王国全教授及广西农业科学院植物保护研究所廖世纯研究员等提供，在此表示感谢。

　　由于条件所限，一些非常见的病虫害未能收录到本书中，有些害虫种类的生活史照也不够齐全，加上编写时间仓促，书中难免存在疏漏甚至错误，恳请广大读者批评指正。

编　者

2020年1月

目 录
CONTENTS

PART 1

病害识别及绿色防控

荔枝、龙眼炭疽病 ··········

田间症状 常在果实近成熟时发病，发病初期在果实上形成褐色小斑，后扩展成近圆形或形状不定的褐色斑，病健交界明显，后期果实变质腐烂，易造成裂果和落果，湿度大时病部表面可产生橘红色黏孢团（图1）。龙眼病果不易由外表辨别，剥开后内果皮可见变褐。叶片感病，一般是在叶尖或叶缘出现圆形或不规则形的褐色病斑，并向基部扩展，后期汇合成褐色大斑，病健交界明显，湿度大时病部表面同样可产生橘红色黏孢团（图2至图5）。花穗受害，一般是小花或连同花穗梗一起变褐干枯，引起落花，雨水多时也易造成沤花。

荔枝炭疽病

龙眼炭疽病

图1 荔枝、龙眼炭疽病病果（中间病果有橘红色黏孢团）

图2 荔枝炭疽病病叶（叶缘）　　图3 荔枝炭疽病病叶（叶尖）

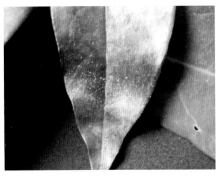

图4　荔枝炭疽病病叶（橘红色黏孢团）　　　　图5　龙眼炭疽病病叶

发生特点

病害类型	真菌性病害
病原	炭疽菌（*Colletotrichum* spp.），属半知菌亚门黑盘孢目炭疽菌属
越冬场所	病原菌以菌丝体或分生孢子在树上及掉落地面的病枝叶、病果中越冬
传播途径	风雨传播
发病原因	越冬病原菌菌量大，高温高湿以及连续阴雨的天气，果园、树冠郁蔽，树势衰弱

防治适期　预防为主，宜在花穗、果实发病前或发病初期开始施药，具体视荔枝、龙眼的生育期、病害发生程度和天气情况而定。

防治措施

（1）**加强栽培管理，培育壮树**　合理施肥，以基肥为主化肥为辅，增施磷、钾肥，避免偏施氮肥；旱季注意灌水防旱，雨季则应及时清沟排水，防止果园积水。

（2）**修枝清园**　采收后，结合秋冬修剪把病虫枝、老弱枝、徒长枝、荫蔽枝全部剪去，保证树冠通风透光，雨后易于干燥；把残存在树上的、落在地下的病果、烂果以及枯枝落叶全部清出果园集中烧毁，防止病菌进入地下越冬而成为翌年的初侵染源；修剪结束后可喷施1～2次保护性杀菌剂，以保证秋梢和结果母枝健康生长，如石硫合剂或氧氯化铜等。

(3) 药剂防治 在花蕾期至成熟期喷药防治应根据当时的天气情况及果园病害发展情况而定，喷药时应注意均匀喷湿整株树，叶面和叶背、花穗、果实都应喷及，一般喷药4～6次，注意有效药剂的交替使用，防止或延缓病菌抗药性的产生。一般连续下雨3天及3天以上或在雨后，则应抢晴喷药，果实成熟期是关键防治时期，应密切注意天气变化，喷药护果。防治效果较好的药剂有250克/升吡唑醚菌酯（凯润）乳油1 000～2 000倍液、60%唑醚·代森联（百泰）水分散粒剂1 000～2 000倍液、250克/升嘧菌酯（阿米西达）悬浮剂1 000～2 000倍液、325克/升苯甲·嘧菌酯（阿米妙收）悬浮剂1 000～2 000倍液、450克/升咪鲜胺（施保克）水乳剂1 000～2 000倍液或62%多·锰锌（霜炭清）可湿性粉剂500～700倍液等。

荔枝、龙眼霜疫霉病 ·····························

田间症状 该病主要为害荔枝果实，果实各个生育期均可感病，多从果蒂开始发病，初期在果皮表面出现水渍状病斑，病健交界不明显，潮湿时病斑迅速扩展蔓延，致使全果发病，变褐腐烂，病果极易脱落，造成大量落果（图6）。花穗感病，造

荔枝霜疫霉病

图6 荔枝霜疫霉病病果（从左至右依次为小果期、膨大期、转色期）

成花穗变褐而落花，严重时整个花穗枯萎脱落。嫩叶感病，初期在叶面、叶尖及叶缘形成褐色不规则病斑，病健交界明显，后扩展至主脉并沿主脉向基部扩展（图7、图8）；完全老熟叶片一般不感病。若连续阴雨或空气湿度大时，病斑表面易长出白色霜状霉层（图8）。

　　在我国，龙眼霜疫霉病仅见台湾有过报道，为害苗期龙眼的叶片和茎干。

图7　荔枝霜疫霉病病叶

图8　荔枝霜疫霉病病叶和病果的霜状霉层

发生特点

病害类型	真菌性病害
病　原	荔枝霜疫霉（*Peronophythora litchii* Chen ex Ko et al.），属鞭毛菌亚门霜霉目霜疫霉属
越冬场所	病菌以卵孢子在土壤中越冬
传播途径	风雨传播
发病原因	越冬菌量大，温暖高湿以及连续阴雨的天气，果园、树冠郁蔽，树势衰弱

侵染落地花、果

休止孢子 → 侵染树上幼嫩枝叶、花穗及果实

卵孢子萌发　游动孢子　孢子囊萌发

卵孢子萌发产生孢子囊

卵孢子　←　菌丝体、孢子囊

防治适期 预防为主，宜在花穗、果实发病前或发病初期开始施药，具体视荔枝、龙眼的生育期、病害发生程度和天气情况而定。

防治措施

（1）**加强栽培管理，培育壮树** 合理施肥，以基肥为主，化肥为辅，增施磷、钾肥，避免偏施氮肥；旱季注意灌水防旱，雨季则应及时清沟排水，防止果园积水。

（2）**修枝清园** 荔枝采收后，结合秋冬修剪，把病虫枝、老弱枝、徒长枝、荫蔽枝全部剪去，保证树冠通风透光，雨后易干；把残存在树上的和落在地下的病果、烂果以及枯枝落叶，全部清出果园集中烧毁，防止病菌进入地下越冬而成为翌年的初侵染菌源；修剪结束后可喷施 1～2 次保护性杀菌剂，如石硫合剂或 30% 氧氯化铜悬浮剂等，以保证秋梢和结果母枝健康生长。

（3）**药剂防治** 在花蕾期至成熟期喷药防治应根据当时的天气情况及果园病害发展情况而定，喷药时应注意把整株树均匀喷湿，叶面、叶背、花穗、果实都应喷及，一般喷药 4～6 次，注意有效药剂的交替轮换使用，防止或延缓病菌抗药性的产生。一般连续下雨 3 天及 3 天以上或在雨后，则应抢晴喷药，果实成熟期是关键时期，应密切注意天气变化，喷药护果。防治荔枝、龙眼霜疫霉病的有效药剂有：60% 百泰（唑醚·代森联）水分散粒剂 1 000～2 000 倍液、250 克/升凯润（吡唑醚菌酯）乳油 1 000～2 000 倍液、250 克/升阿米西达（嘧菌酯）悬浮剂 1 000～2 000 倍液、47% 德劲（烯酰·唑嘧菌）悬浮剂 1 000～2 000 倍液、325 克/升阿米妙收（苯甲·嘧菌酯）悬浮剂 1 000～2 000 倍液、23.4% 瑞凡（双炔酰菌胺）悬浮剂 1 000～2 000 倍液、50% 阿克白（烯酰吗啉）可湿性粉剂 1 000～2 000 倍液、62% 霜炭清（多·锰锌）可湿性粉剂 500～700 倍液或 68% 金雷多米尔（精甲霜·锰锌）水分散粒剂 800～1 000 倍液等。

荔枝麻点病 ··············

田间症状 主要发生于果实及叶片，叶柄和枝条也有发生，形成密密麻麻的针尖状小黑点（图9至图12）。侵染果实时，在果实转色期前侵入的，果实成熟时斑点聚集区一般不转色呈绿色（图10）；在果实转色期

后侵入的，果
实成熟时一般
不影响转色，
仅表现为黑斑
点（图11）。

图9 荔枝麻点病病果
（中果期）

图10 荔枝麻点病病果（病斑聚集区
呈绿色）

图11 荔枝麻点病病果
（黑斑点）

图12 荔枝麻点病病叶

发生特点

病害类型	真菌性病害
病　原	暹罗炭疽菌（*Colletotrichum siamense*），属半知菌亚门黑盘孢目炭疽菌属
越冬场所	病原菌以菌丝体或分生孢子在树上及掉落地面的病枝叶、病果中越冬
传播途径	风雨传播
发病原因	越冬病原菌菌量大，高温高湿及连续阴雨天气，果园、树冠郁蔽，树势衰弱

分生孢子萌发

侵染幼嫩枝叶、花穗及果实

病枝叶、病果中菌丝体、分生孢子

分生孢子

防治适期 预防为主，宜在果实发病前或发病初期开始施药，具体视荔枝、龙眼的生育期、病害发生程度和天气情况而定。

防治措施 参照荔枝、龙眼炭疽病的防治方法。

荔枝、龙眼酸腐病 ·····························

田间症状 该病为害近成熟或成熟果实，多从伤口开始发病，一般在蒂蛀虫、毒蛾、荔枝蝽等为害过的果实及生理裂果的果实上发生（图13、图14），与病果接触的健果也极易发病。病斑褐色，圆形或不规则形，最后扩展至全果腐烂，有酸臭味，有时在病部可见白色霉状物。

荔枝酸腐病

图13 荔枝酸腐病病果（蒂蛀虫为害果）

图14 荔枝酸腐病病果（生理裂果引起）

发生特点

病害类型	真菌性病害
病原	白地霉 (*Geotrichum candidum* Link)，属半知菌亚门丝孢目地霉属；白色球拟酵母 [*Torulopsis candida* (Saíto) Lodd.]，属子囊菌亚门酵母菌目球拟酵母属；节卵孢 (*Oospora* sp.)，属半知菌亚门丝孢目节卵孢属
越冬场所	在自然界广泛分布，以菌丝体在土壤或其他腐烂有机物上营腐生生活
传播途径	分生孢子靠风雨和昆虫传播，通过伤口侵入果实，果实腐烂流出的酸臭汁液继续侵染健康果实
发病原因	高温高湿，虫害发生严重造成伤口，生理裂果

防治适期 加强栽培管理，做好防虫工作，减少裂果和虫果，宜在果实发病前或发病初期开始施药，具体视荔枝、龙眼的生育期、病害发生程度和天气情况而定。

防治措施

(1) **加强栽培管理** 做好防虫工作，尤其是对于荔枝蝽和蒂蛀虫的防治，减少裂果和虫果。生理裂果多时尽可能摘除裂果，防止传染健康果实。

(2) **采收及贮运** 采收及贮运尽量避免砸伤、压伤果实。

(3) **药剂防治** 采收前10 ~ 15天可喷施500克/升抑霉唑乳油1 000 ~ 2 000倍液或50%异菌脲悬浮剂1 000 ~ 1 500倍液等。

荔枝、龙眼拟茎点霉果腐病、叶斑病

田间症状 常在果实近成熟时发病，先在果皮上出现褐色小斑，后扩展成近圆形或形状不定的褐色斑，病健交界明显，后期果实变质腐烂，易造成裂果和落果，湿度大时病部表面可产生乳白色黏孢团 (图15)。龙眼病果不易由外观辨别，剥开后内果皮可见变褐 (图16)。叶片感病，一般是在叶尖或叶缘出现圆形或不规则形的褐色或灰白色病斑，向基部扩展，后期汇合成褐色大斑，病健交界明显，后期病部可见黑色小粒点（分生孢子器）（图17、图18）。

图15　荔枝、龙眼拟茎点霉果腐病病果　　图16　果皮变褐

图17　荔枝拟茎点霉叶斑病病叶　　图18　龙眼拟茎点霉叶斑病病叶

发生特点

病害类型	真菌性病害
病　原	桂圆拟茎点霉（Phomopsis guiyuan），龙眼拟茎点霉（Phomopsis longanae），属半知菌亚门球壳孢目拟茎点霉属
越冬场所	病原菌以菌丝体、分生孢子或分生孢子器在树上及掉落地面的病枝叶、病果中越冬
传播途径	风雨传播
发病原因	越冬病原菌菌量大，天气高温高湿及，连续阴雨的天气，果园、树冠郁蔽，树势衰弱

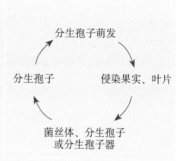

分生孢子萌发 → 侵染果实、叶片 → 菌丝体、分生孢子或分生孢子器 → 分生孢子

防治适期 预防为主，宜在果实发病前或发病初期开始施药，具体视荔枝、龙眼的生育期、病害发生程度和天气情况而定。

防治措施 参照荔枝、龙眼炭疽病的防治方法。

荔枝镰刀菌果腐病 ·····························

田间症状 常在果实近成熟时发病，初期在果皮上出现褐色小斑，后扩展成近圆形或形状不定的褐色斑，病健交界明显，后期果实变质腐烂，易造成裂果和落果，湿度大时病部表面可产生白色菌丝或粉状物（图19、图20）。

图19　荔枝镰刀菌果腐病病果（轻微）　　图20　荔枝镰刀菌果腐病病果（严重）

发生特点

病害类型	真菌性病害
病　原	腐皮镰孢 [*Fusarium solani* (Mart.) Sacc.]、串珠镰孢（*Fusarium moniliforme* Sheld.），属半知菌亚门瘤座孢目镰孢属
越冬场所	病原菌以菌丝体、分生孢子、厚垣孢子在病部或随病残体在土壤中越冬
传播途径	风雨传播
发病原因	越冬病原菌菌量大，高温高湿，连续阴雨天气，果园、树冠郁蔽，树势衰弱

分生孢子萌发 → 侵染果实 → 菌丝体、分生孢子厚垣孢子 → 分生孢子

防治适期 预防为主，宜在果实发病前或发病初期开始施药，具体视荔枝、龙眼的生育期、病害发生程度和天气情况而定。

防治措施 参照荔枝、龙眼炭疽病的防治方法。

荔枝白粉病 ·······

田间症状 主要为害果实，目前仅在黑叶、白糖罂和白腊树上有发现。发病时在果面形成一层白色粉状物，在裂纹处尤为明显，病部果皮变褐，影响果实外观（图21、图22）。

图21 荔枝白粉病病果（中果期）

图22 荔枝白粉病病果（膨大期）

发生特点

病害类型	真菌性病害
病原	白粉菌（*Oidium* sp.），属半知菌亚门丝孢目粉孢属
越冬场所	以菌丝体在病组织上越冬
传播途径	风雨传播
发病原因	越冬病原菌菌量大，温暖潮湿、连续阴雨天气，果园郁蔽，通风透光性差

分生孢子萌发 → 侵染果实 → 菌丝体 → 分生孢子 → 分生孢子萌发

防治适期 预防为主，宜在果实发病前或发病初期开始施药，具体视荔枝、龙眼的生育期、病害发生程度和天气情况而定。

防治措施

（1）**加强肥水管理** 增施有机肥，平衡施用氮、磷、钾肥，增强树势；注意防旱和排涝。

（2）**修枝清园** 改善果园通风透光度。

（3）**药剂防治** 发病初期可用60%唑醚·代森联（百泰）水分散粒剂1 000 ～ 2 000倍液、250克/升嘧菌酯（阿米西达）悬浮剂1 000 ～ 2 000倍液、325克/升苯甲·嘧菌酯（阿米妙收）悬浮剂1 000 ～ 2 000倍液、10%苯醚甲环唑（世高）水分散粒剂1 000 ～ 2 000倍液、25%三唑酮（粉锈宁）可湿性粉剂1 000 ～ 2 000倍液或50%醚菌酯（翠贝）水分散粒剂2 000 ～ 3 000倍液等。

荔枝、龙眼煤烟病

田间症状 受害叶面或果面布满一层黑色霉层，霉层易从叶面抹去，但由小煤炱菌引起的黑色霉层则不易剥落，叶两面生，圆形或不规则形，边缘不明显，呈稀疏蛛丝网状（图23、图24）。

图23 荔枝煤烟病病叶

图24　龙眼煤烟病病叶

发生特点

病害类型	真菌性病害
病　原	小刺盾臭（*Chaetothyrium echinulatum* Yamam.），属子囊菌亚门座囊菌目刺盾臭属；牡竹小隔孢臭（*Dimeriella dendrocalami*），属子囊菌亚门盘菌目小隔孢臭属；爪哇黑壳臭（*Phaeosaccardinula javanica*），属子囊菌亚门盘菌目黑壳臭属；刺三叉孢臭（*Triposporiopsis spinigera*），属子囊菌亚门鬼笔目叉孢臭属；好望角小煤臭原变种（*Meliola capensis* var. *capensis*），属子囊菌亚门小煤臭目小煤臭属；混合小煤臭（*Meliola commixta*），属子囊菌亚门小煤臭目小煤臭属；红毛丹生小煤臭（*Meliola nepheliicola*），属子囊菌亚门小煤臭目小煤臭属
越冬场所	病原菌以菌丝体或子囊壳在病部越冬
传播途径	风雨传播
发病原因	刺吸式口器害虫（粉虱、介壳虫、蚜虫、蜡蝉等）发生重，果园郁蔽，通风透光性差

叶片或果实上黏附的蜡蝉等害虫的分泌物或花期蜜露

子囊孢子　→　叶片、果实发病

菌丝体或子囊壳

防治适期
加强栽培管理，培育良好树冠，增强树势，及时防治害虫，宜在该病发病前或发病初期开始施药，具体视荔枝、龙眼的生育期、病害发生程度和天气情况而定。

防治措施

（1）**加强肥水管理** 增施有机肥，平衡施用氮、磷、钾肥，增强树势；注意防旱和排涝。

（2）**修枝清园** 培育良好树冠，保证树冠通风透光。

（3）**虫害防治** 及时防治粉虱、介壳虫、蜡蝉或蚜虫等害虫，防治方法参照相应虫害部分。

（4）**喷药保护** 已经发生煤烟病的果园，可在发病初期或清园后喷30%氧氯化铜悬浮剂600～800倍液或77%氢氧化铜（可杀得）可湿性粉剂600～800倍液等。

荔枝、龙眼鬼帚病 ·····················

田间症状 嫩叶感病时呈浅绿色，叶缘内卷不能展开呈线状，或叶尖上卷、扭曲成月牙形或不规则形。成熟叶片感病时叶缘外卷、局部凹陷、扭曲，叶脉黄化，脉间出现不规则形浅黄绿色斑纹。枝梢感病时节间缩短，侧枝丛生呈扫帚状，又因病叶早衰脱落而呈秃枝状。花穗感病时花梗和小穗丛生成簇状，花朵畸形密集，花器不发育或发育不正常而早落，一般不结果或偶有结果，但果小且不能食用（图25、图26）。

荔枝鬼帚病

图25 荔枝、龙眼鬼帚病在嫩叶和花穗上的发病情况（潘学文 提供）

图26 整株龙眼患病（潘学文 提供）

发生特点

病害类型	病毒性病害
病原	龙眼鬼帚病毒（*Longan witches broom virus*），荔枝鬼帚病毒（*Litchi witches broom virus*）
越冬场所	无
传播途径	嫁接传播，虫媒传播
发病原因	刺吸式口器害虫发生重，干旱，树势弱

媒介昆虫、嫁接

病毒 → 花穗、枝叶

合成核酸、蛋白质

带毒病株

防治适期 预防为主，主要在其媒介昆虫荔枝蟥、龙眼角颊木虱等发生高峰开展害虫防治。

防治措施

（1）**加强检疫** 严禁从病区输入苗木、种子及接穗，杜绝该病的蔓延。如发现带有此病的苗木，应立即拔除烧毁。

（2）**及时控制传毒媒介昆虫** 重点是荔枝蝽和龙眼角颊木虱（详细参照荔枝蝽与龙眼角颊木虱的防治方法）。

（3）**加强肥水管理，培育壮树** 施足有机肥，适当增施磷、钾肥，使树体生长健壮，提高抗病力。

（4）**培育和种植无病苗** 病区应在抗病力强、品质优良、无病的母体上采种、采接穗或进行高空压条育苗。

荔枝、龙眼藻斑病

田间症状 主要发生在成叶或老叶上，叶柄和枝条也有发生，造成叶片早衰、枝条表皮开裂及枯死。病斑在叶片上的分布不规律，有时也会集中在主脉发生。该病发病初期产生褐色针头状小点，后逐渐扩大成圆形或不规则形黑褐色病斑，病斑老化后中央呈灰白色，温度和湿度适宜时在病斑上产生黄褐色或橘红色毛绒状物，叶片病斑正反面均可产生（图27至图29）。

龙眼藻斑病

图27 荔枝藻斑病病叶
（初期、中期病斑）

图28 荔枝藻斑病病叶（后期病斑）

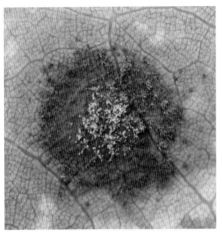

图30 荔枝藻斑病病枝（橘红色藻丝体）

图31 龙眼藻斑病病叶

图29 荔枝藻斑病病叶（橘红色藻丝体）

发生特点

病害类型	寄生藻类病害
病　原	绿色头孢藻（*Cephaleuros virescens* Kunze），属植物界绿藻门头孢藻属
越冬场所	以藻丝体在病组织上越冬
传播途径	风雨传播
发病原因	越冬病原数量大，高温高湿，果园郁蔽，通风透光性差，树势衰弱，土壤贫瘠

孢子囊 ⟶ 侵染枝叶
游动孢子
藻丝体

防治适期 加强栽培管理，培育良好树冠，增强树势，宜在该病发病前或发病初期开始施药，具体视荔枝、龙眼的生育期、病害发生程度和天气情况而定。

防治措施

（1）**加强肥水管理** 增施有机肥，平衡施用氮、磷、钾肥，增强树势；注意防旱和排涝。

（2）**修枝清园** 采收后，结合秋冬修剪，把病枝叶、老弱枝、徒长枝、荫蔽枝全部剪去，清出果园，减少初侵染源，保证树冠通风透光，培育良好树冠；修剪结束后可喷施1～2次保护性杀菌剂，以保证秋梢和结果母枝健康生长，如石硫合剂、波尔多液或氧氯化铜剂等。

（3）**喷药保护**　发病初期以及清园后喷30%氧氯化铜悬浮剂600～800倍液或77%氢氧化铜（可杀得）可湿性粉剂600～800倍液等。

荔枝、龙眼地衣 ·······

田间症状　主要发生于枝干，在成叶或老叶上也有发生，造成枝干表皮坏死、开裂及叶片枯斑。叶上地衣体扁平成壳状，紧贴叶表面，圆形或近圆形，灰绿色至橄榄绿色，后期中央灰白色，上生黑色子囊果，突起，散生或环状排列，地衣体脱落后留下红褐色枯斑（图32至图34）；枝干上地衣有壳状地衣和叶状地衣，壳状地衣平铺紧贴枝干表面，圆形至不规则形，灰绿色至灰白色，不易剥离（图35），后期可见黑色子囊果，突起（图36）；叶状地衣的地衣体呈叶状（图37），形状不规则，边缘波浪状，青灰色至灰绿色，松散贴生于枝干表皮，容易剥离。

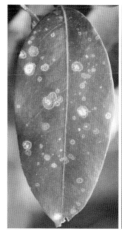

图32　荔枝叶上地衣

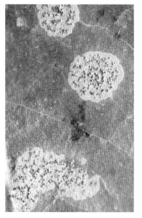

图33　荔枝叶上地衣子囊果　　　图34　龙眼叶上地衣

图35　荔枝树干上壳状地衣　　图36　荔枝树干上
　　　　　　　　　　　　　　　　　　　壳状地衣子
　　　　　　　　　　　　　　　　　　　囊果

图37　荔枝树干上叶状地衣

发生特点

病害类型	地衣类病害
病　原	阔叶牛皮叶（*Sticta platyphylla* Nyl.），属子囊菌门地卷目牛皮属；扁平叶上衣 [*Strigula complanata* (Fée) Nyl.]，属子囊菌门叶上衣目叶上衣属
越冬场所	地衣以营养体在寄主枝干及叶片上越冬
传播途径	风雨传播
发病原因	天气温暖高湿、管理粗放、通风透光不良

地衣体碎片
子囊孢子　→　枝干、叶片
↓
地衣体

防治适期　加强栽培管理，培育良好树冠，增强树势，宜在该病发病前或发病初期开始施药，具体视荔枝、龙眼的生育期、病害发生程度和天气情况而定。

防治措施

（1）**加强肥水管理**　增施有机肥，平衡施用氮、磷、钾肥，增强树势；注意防旱和排涝。

（2）**修枝清园** 修枝整形，培育良好树冠，保证树冠通风透光；用竹片等刮除树干上附生的地衣，并用石硫合剂或波尔多液等涂刷病部；冬季清园后可用石硫合剂、波尔多液、代森铵或氧氯化铜等喷涂树干，或用石灰乳涂白树干。

荔枝、龙眼苔藓

田间症状 主要发生于树干，在树干表面平铺一层绿色鳞片状或绒毛状植物，以营养体在树干表面附生，一般危害不大（图38）。

图38 荔枝、龙眼树干上的苔藓

发生特点

病害类型	苔藓类植物病害
越冬场所	以营养体在寄主的枝干上越冬
传播途径	风雨传播
发病原因	管理粗放、通风透光不良，环境阴凉潮湿

枝干

孢子体

原丝体

配子体（植物体）

防治适期 加强栽培管理，培育良好树冠，增强树势，宜在该病发病前或发病初期开始施药，具体视荔枝、龙眼的生育期、病害发生程度和天气情况而定。

防治措施

（1）**加强肥水管理** 增施有机肥，平衡施用氮、磷、钾肥，增强树势；注意防旱和排涝。

（2）**修枝清园** 修枝整形，培育良好树冠，保证树冠通风透光；用竹片等刮除树干上附生的苔藓；冬季清园后可用石硫合剂、波尔多液、代森铵或氧氯化铜等喷涂树干，或用石灰乳涂白树干。

（3）**喷药保护** 发病初期以及清园后可喷施30%氧氯化铜悬浮剂600 ～ 800倍液、77%氢氧化铜（可杀得）可湿性粉剂600 ～ 800倍液、80%乙蒜素乳油800 ～ 1 000倍液或42%三氯异氰尿酸可湿性粉剂600 ～ 800倍液等。

PART 2
虫害识别及绿色防控

荔枝蒂蛀虫 ·····················

分类地位 荔枝蒂蛀虫（*Conopomorpha sinensis* Bradley）属鳞翅目（Lepidoptera）细蛾科（Gracilariidae）。又称爻纹细蛾，荔枝细蛾。

荔枝蒂蛀虫

为害特点 幼虫偏好为害寄主果实，同时也为害嫩茎、嫩叶、花穗，成虫一般不为害寄主。在梢期，该虫以幼虫钻蛀近顶端的嫩茎和嫩叶的中脉，造成嫩梢顶端枯死，幼叶中脉变褐色，表皮破裂（图39）；在花期，幼虫钻蛀花穗嫩茎近顶端，造成花穗枯萎（图40）；在幼果期种腔内充满液状物时幼虫极少入侵，当种腔内含物变白色固态后，幼虫开始大量钻蛀果核，导致落果，近成熟果的果核坚硬，幼虫不再蛀核，孵化后进入果皮，取食果蒂，造成采前落果（图41）。整个取食期均在蛀道内，虫粪留在蛀道中，不破孔排出。

图39 荔枝蒂蛀虫为害荔枝叶片

图40 荔枝蒂蛀虫为害荔枝花穗

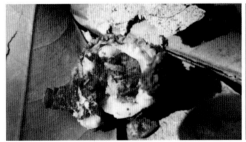

图41 荔枝蒂蛀虫为害荔枝和龙眼果实

形态特征

　　成虫：体长4.0～5.0毫米，翅展9.0～11.0毫米。体背面灰黑色，腹面白色，触角丝状，约为体长的1.5倍，末端白色。前翅狭长，2/3基部灰黑色，雄虫颜色更深，1/3端部橙黄色，静止时两翅面的白色条纹相接呈"爻"字纹，故也被称为爻纹细蛾；后翅灰黑色，缘毛长，后缘的缘毛约为翅宽的4倍。腹部背面褐色，侧面和腹面雄虫为白色、雌虫为黄白色。足黄白色，均覆盖有灰白相间的鳞片（图42）。

　　卵：椭圆形，扁平，直径0.2～0.4毫米，半透明，初为淡黄色，后转为橙黄色，卵壳上有刻纹，三角形至六边形不等，有微突，纵向排列约呈10列（图43）。

　　幼虫：低龄幼虫扁圆形，拥有3对胸足，腹部第3、4、5节及第10节各具足1对。老熟幼虫圆筒形，黄白色，体长8.0～9.0毫米，仅具4对腹足，臀板三角形（图44）。

　　蛹：长约7.0毫米，初呈淡绿色，后转为黄褐色，近羽化时为灰黑色；头顶有一个三角形突起的穿茧器；常化蛹于果穗附近的叶片正面，蛹具扁平薄膜状的白色或黄色丝质茧（图45）。

图42　荔枝蒂蛀虫成虫

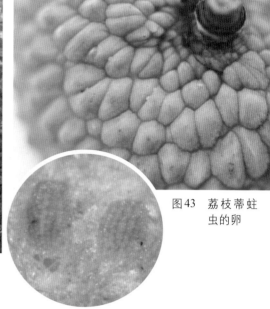

图43　荔枝蒂蛀虫的卵

图44 荔枝蒂蛀虫的幼虫   图45 荔枝蒂蛀虫的蛹

发生特点

发生代数	每年广东发生10～12代，广西发生10～11代，闽南地区发生9～10代，海南发生10～11代，世代重叠
越冬方式	多以幼虫在荔枝冬梢或早熟品种花穗顶端轴内越冬
发生规律	在广东、福建地区2～6代为主要为害代次，主要在荔枝、龙眼的花期至果实生育期为害，尤其是4～5代与果实成熟期重叠，为害特别严重
生活习性	成虫有昼伏夜出习性，白天一般静息在树干，叶片上极少发现，受到惊扰时短暂飞舞后即复停在原栖息树上，很少远飞，夜晚为主要的活动时间

防治适期 荔枝蒂蛀虫的产卵盛期、卵孵盛期及成虫发生盛期3个时期均是防治的最佳时期。

防治措施

（1）**农业防治** ①采果后及时清洁果园，把枯枝、落叶、落地果清理干净，把病虫枝条、荫枝等剪去，使果园通风透光。②适时放秋梢，控制冬梢，阻断其食物链，减少冬春季虫源。③春季短截花穗，及时清理烧毁第二次生理落果，减少下一代虫源。

（2）**生物防治** ①天敌的保护和利用。捕食性天敌有中华微刺盲蝽（*Camtyloma chinensis* Schuh）、中华草蛉（*Chrysopa sinica* Tjede），六斑月瓢虫（*Menochilus sexmaculata*）、大银腹蛛（*Leucauge magnifica*）、龟纹瓢虫（*Propylea japonica*）等，寄生性天敌有食胚赤眼蜂（*Thichogramma embryophagum* Harting）、安荔赤眼蜂（*Thichogramma oleae* Voegele et Pointel）和斑螟分索赤眼蜂（*Trichogrammatoidea hypsipylae* Nagaraja）等，这些天敌对荔枝蒂蛀虫都有一定的控制作用。②应用生物农药。如苏云金杆菌（Bt）、绿僵菌和印楝素等生物农药对荔枝蒂蛀虫都有一定的防治效

果。③应用信息素。利用害虫的性信息素对害虫进行诱捕、迷向、干扰交配等，以达到控制害虫种群数量的目的，但目前人工合成的荔枝蒂蛀虫性诱剂诱捕到的成虫数量较少。

（3）**药剂防治**　①适时防治。通过预测预报，在荔枝蒂蛀虫卵、初孵幼虫和成虫3个敏感时期进行灭杀。②"兼前、抓中、控后，成虫、初孵幼虫和卵一起杀"，狠抓第二次生理落果后的中期防治，在果实后期根据田间虫口密度进行控制性防治。③选用能够同时杀成虫、幼虫和卵的药剂或配方。如高效氯氰菊酯、高效氯氟氰菊酯、联苯菊酯、毒死蜱、阿维菌素和甲氨基阿维菌素苯甲酸盐等。其中联苯菊酯还具有一定的杀卵作用，能同时杀卵和初孵幼虫且持效期较长的药剂有除虫脲、灭幼脲、杀铃脲以及氯虫苯甲酰胺等，可根据虫情和药剂特点合理搭配，兑水喷雾。

荔枝尖细蛾

分类地位　荔枝尖细蛾（*Conopomorpha litchielle* Bradley）属鳞翅目（Lepidoptera）细蛾科（Gracilariidae）。

为害特点　幼虫主要蛀食幼叶中脉，致使叶端干枯卷曲，也可蛀食嫩梢梢髓，致使嫩梢幼叶脱落或枯萎。蛀食阶段必会破一至多个孔进行排粪，常在叶中脉上破一个孔，位于中脉背面的基部；有转叶转梢为害的现象，缺乏食物时此现象更为明显（图46）。

图46　荔枝尖细蛾为害荔枝嫩梢

形态特征

　　成虫：与荔枝蒂蛀虫较相似，但该种虫体较小，翅狭长，翅展8.3～9.0毫米。触角丝状，约为前翅长度的1.2倍，触角基部常有一黑斑。前翅4/5基部灰黑色，3/5中部有5条白纹构成W形纹，1/5翅端部橙黄色，其中间及末端各有一个银灰色光泽斑，有两黑色平行斜纹，从后缘伸至前缘，将橙色区分割为二，臀区鳞片黑白相间，翅尖有一深黑色小圆点，较荔枝蒂蛀虫大而明显；后翅暗灰色，缘毛长，灰白色。腹部除末节外均有深褐斜纹。足乳白色，间有褐色斜纹（图47）。

　　卵：直径0.2～0.3毫米，近圆形或椭圆形，较扁平，初呈乳白色，后转至淡黄色，卵壳上有不规则网状花纹。

　　幼虫：分两型，一至二龄为扁平、无足的吸液型，三至六龄为扁圆筒状、具足的食组织型。老熟幼虫中、后胸腹板中央各有一楔状小骨片；后胸背板及第1～8腹节的背板和腹板中央各有一个心形斑，其上有不甚规则的纵纹（图48）。

　　蛹：初呈青绿色，后转为暗黄色，头顶有一破茧器，触角伸出腹末部分与第7～10腹节等长或稍长。常结茧于叶片背面，乳白色半透明（图49）。

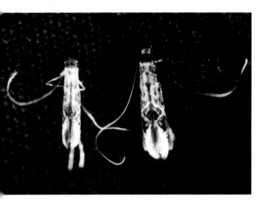

图47　荔枝尖细蛾成虫

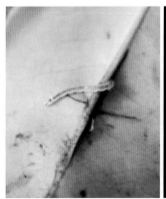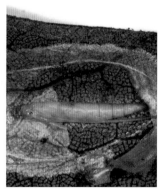

图48　荔枝尖细蛾幼虫　　　　图49　荔枝尖细蛾蛹

发生特点

发生代数	一年发生10～11代，世代重叠
越冬方式	以幼虫在冬梢、叶脉、花穗中越冬
发生规律	每年3月下旬至4月中旬，越冬代爬出在附近叶片上结茧化蛹，4月上中旬开始羽化产卵，卵多散产在新梢幼叶面的中脉两侧
生活习性	幼虫偏好向梢顶幼嫩部分钻蛀，一梢常有一头幼虫，成虫夜间活动

防治适期　与荔枝蒂蛀虫相似，荔枝尖细蛾的产卵盛期、卵孵盛期及成虫发生盛期3个时期是防治的最佳时期。

防治措施　参照荔枝蒂蛀虫的防治方法。

吸果夜蛾类 ·······································

分类地位　吸果夜蛾类害虫属鳞翅目（Lepidoptera）夜蛾科（Noctuidae）。其种类很多，为害荔枝的吸果夜蛾主要有嘴壶夜蛾（*Oraesia emiarginata* Fabricius）和鸟嘴壶夜蛾（*Oraesia excavata* Butler）。

为害特点　以成虫口器刺穿荔枝果皮，插入果内吸食汁液，使荔枝果实外呈小孔，流出汁液，伤口软腐呈水渍状，内部果肉腐烂，造成落果或运输期间烂果（图50）。

形态特征

成虫：体中型，褐色，但嘴壶夜蛾与鸟嘴壶夜蛾相比较小，体长分别为16.0～19.0毫米和23.0～26.0毫米，翅展分别为34.0～40.0毫米和49.0～51.0毫米。前翅棕褐色（嘴壶夜蛾）或紫褐色（鸟嘴壶夜蛾），翅型

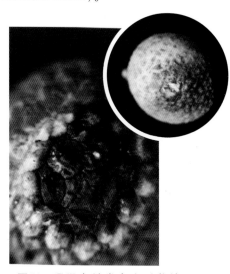

图50　吸果夜蛾类害虫对荔枝、龙眼果实的为害状

图51 吸果夜蛾类害虫成虫

特点相近，即翅尖突出、外缘中部突出和后缘中部具凹陷，不同的是鸟嘴壶夜蛾翅尖突出呈钩状，外缘呈圆突，后缘中部凹陷更深（图51）。

幼虫：嘴壶夜蛾幼虫体黑色，各体节具一大黄斑；鸟嘴壶夜蛾幼虫体灰黄色，体背和腹面各具一灰黑色宽带。

发生特点

发生代数	一般一年发生4代，世代重叠
越冬方式	以老熟幼虫和蛹在植物的基部卷叶内、杂草丛或松土块下越冬
发生规律	广东省为害高峰为9月中旬，四川、重庆等地成虫9月下旬开始为害，10月中旬达到为害高峰
生活习性	低龄幼虫有吐丝下垂的习性。成虫昼伏夜出，具一定的趋光性和较强的趋化性（喜食香甜物，嗜食新鲜果实）

防治适期 越冬代成虫羽化高峰（9月、10月）和低龄幼虫为害高峰期为最佳防治时期。

防治措施

（1）**农业防治** ①合理规划果园，尽量避免混栽不同成熟期的品种或多种果树。②在5～6月用除草剂喷雾或人工除草法彻底铲除园内及周围1千米范围内的杂草和灌木丛，压低幼虫虫口密度，减少成虫藏匿场所。③在果实着色期组织工作人员于黄昏后进入果园捕杀成虫。

（2）**物理防治** ①诱杀。用黑光灯、高压汞灯或频振式杀虫灯诱杀成虫。②拒避。每树用5～10张吸水纸，每张滴香茅油1毫升，傍晚时挂于树冠周围；或用塑料薄膜包住萘丸（卫生球），上刺小孔数个，每树挂4～5粒，可减轻吸果夜蛾类害虫为害。③果实套袋保护。

（3）**生物防治** 在果园周围人工释放赤眼蜂，寄生吸果夜蛾类害虫卵粒。

（4）**药剂防治**　①在果实半成熟前用糖醋液（适当加入味道轻淡的少量杀虫剂）诱杀成虫。②用香蕉或橘果浸药（敌百虫）诱杀成虫。③选用4.5%高效氯氰菊酯乳油或2.5%高效氯氟氰菊酯（功夫）乳油1 000～1 500倍液，或用80%敌敌畏乳油1 000倍液，在晚上吸果夜蛾类害虫活动时进行喷雾。

斜纹夜蛾 ···

分类地位　斜纹夜蛾[*Spodoptera litura* (Fabricius)]又名莲纹夜蛾，俗称夜盗虫、乌头虫等，属于鳞翅目（Lepidoptera）夜蛾科（Noctuidae），是世界性的多食性害虫。

为害特点　以幼虫咬食叶片、花蕾、花及果实，初龄幼虫啃食叶片下表皮及叶肉，仅留上表皮呈透明斑；四龄以后进入暴食期，咬食叶片，仅留主脉。

形态特征

成虫：体长14.0～20.0毫米，翅展35.0～46.0毫米，体暗褐色，头胸灰褐色间白色，下唇须灰褐色，各端部有暗褐色斑；胸部背面灰黑色有白色丛毛。前翅灰褐色（雄性颜色较深），花纹多，内横线和外横线白色、呈波浪状、中间有明显的白色斜阔带纹，所以称斜纹夜蛾。后翅银白色，半透明，微闪紫光。足褐色，各足胫节有灰色毛，均无刺（图52）。

卵：扁平半球状，直径约0.5毫米，呈黄白色，孵化前紫黑色，表面有纵横脊纹，上覆黄褐色绒毛。

幼虫：共6龄，体色变化很大。虫口密度大时幼虫体色较深，多为黑褐色或暗褐色，密度小时，多为暗灰绿色。一般幼龄期的体色较淡，随幼虫龄期增加虫体颜色加深。三龄前幼虫体线隐约可见，腹部第一节的1对三角形黑斑明显可见。四龄后体线明显，背线和亚背线呈黄色。沿亚背线上缘每节两侧各有1对黑斑，其中第一节黑斑最大，近菱形。第七、八节黑斑也较大，呈新月形（图53）。

蛹：长15.0～20.0毫米，圆筒形，红褐色，尾部有1对短刺。

图52　斜纹夜蛾成虫

图53　斜纹夜蛾幼虫

发生特点

发生代数	华中地区一年可发生5代，华南地区可终年繁殖
越冬方式	若需越冬，则以老熟幼虫在土中做土室或在败叶下化蛹
发生规律	一般年份于6月上旬才陆续见蛾，1月上旬终见。幼虫为害期在6月上旬末至10月中旬，为害盛期7～9月。1～2代发生较轻，多在杂草、蔬菜上为害；3～4代发生量大，为害重
生活习性	初孵幼虫群集为害，成虫夜间活动交尾产卵，以夜间8:00～12:00活动最盛。对黑光灯、糖醋液具有较强的趋性

防治适期　高龄幼虫抗药性强，选在低龄幼虫发生盛期或成蛾羽化高峰期采取防治措施最佳。

防治措施

（1）**做好预测预报**　可根据气候、作物种类、区域分布开展黑光灯诱蛾，田间卵、幼虫系统调查与大田普查相结合预测各代成虫发生高峰期、田间落卵高峰期和低龄幼虫高峰期，指导适期开展防治。

（2）**农业防治**　及时翻犁空闲田，铲除田边杂草，开展化学除草，切断部分虫源。人工采摘卵块，捕杀初孵幼虫，带出田外集中处理。在幼虫入土化蛹高峰期，结合农事操作进行中耕灭蛹，降低田间基数。种植诱集作物，合理安排茬口，在棉田附近间种少量豆类、蔬菜，集中诱杀。

（3）**生物防治**　大力推广白僵菌、绿僵菌素、Bt乳剂等生物药剂防治，可减少污染，降低农药残留。

（4）**化学防治**　目前防治效果较好的药剂有10%虫螨腈乳油、20%虫酰肼悬浮剂和52.25%氯氰·毒死蜱乳油，上述3种药剂按每公顷600毫升的比例于幼虫一至二龄高峰期施用，基本可控制害虫的发生为害。

佩夜蛾 ···

分类地位　佩夜蛾（*Oxyodes scrobiculata* Fabricius）属鳞翅目（Lepidoptera）夜蛾科（Noctuidae）。

为害特点　以幼虫咬食果树的新梢嫩叶，为害部位形成缺刻，虫口数量大时，可在3～5天将整批嫩叶食光，仅留主脉，形成秃梢。

形态特征

　　成虫：体长19.0～21.0毫米，翅展51.0～53.0毫米。头部及胸部淡黄褐色，额两侧白色；复眼浅黄褐色；触角丝状，浅黄褐色；胸背密披长绒毛。前翅黄褐色，前缘中部现一黑条和一黑环，中线黑色，外有一肾形黑斑，亚端线外棕色，外线两条，呈黑色锯齿形，两线相距较宽，缘毛端部黑白相间。后翅杏黄色，有3条黑褐色的波纹线，前缘具深褐色鳞毛（图54）。

图54　佩夜蛾成虫

　　卵：半球形，直径约0.5毫米，淡绿色，表面具纵行的网状刻纹。

　　幼虫：老熟幼虫体长33.0～37.0毫米，胸宽5毫米。体色有淡绿、灰绿至黑褐色等多种类型。胸足3对，腹足4对较长，趾节呈"八"字形；臀足粗长（图55）。

　　蛹：体长19.0～22.0毫米，胸宽4.0～5.0毫米。初为黄褐色，后变为红褐色，表被白色蜡质粉状物。腹部末端具臀棘8根（图56）。

图55 佩夜蛾幼虫　　　　图56 佩夜蛾蛹

发生特点

发生代数	在广西地区一年发生6代以上
越冬方式	以蛹越冬
发生规律	每年4～11月上旬都可发现其幼虫为害，其中以5～7月最为严重
生活习性	幼虫有假死习性，低龄幼虫遇到惊扰即吐丝下坠，高龄幼虫则向后跳动下坠或前半身左右剧烈摆动。成虫于夜间羽化，白天在树冠内层栖息。成虫受惊扰即飞逃，作上下跳跃式的短距离飞翔，然后又回到原地或附近果树上停息

防治适期 低龄幼虫为害高峰期及成虫发生盛期为最佳防治时机。

防治措施

（1）**农业防治** ①加强果园管理，坚持清扫园地枯枝落叶；冬季结合清园进行除草和翻松园土以减少蛹的基数。②可利用幼虫假死落地的习性，通过人工摇动枝条使幼虫落地进行人工捕杀或放鸡啄食。

（2）**药剂防治** 药剂种类参照斜纹夜蛾。

龙眼合夜蛾 ·······································

分类地位 龙眼合夜蛾（*Sympis rufibasis* Guenée）属鳞翅目（Lepidoptera）夜蛾科（Noctuidae）。

为害特点　龙眼合夜蛾仅为害龙眼树，为害状与佩夜蛾相似（图57）。

形态特征

　　成虫：体长15.0～17.0毫米，翅展34.0～35.0毫米。体色灰褐色。头部淡红色，复眼黑色，触角褐色，下唇须褐色。前翅中线之内为橙红色，中线之外为棕色。两色交界处为一蓝白色的横纹，外端不达前缘。在中室外方有一橙红色圆斑，缘毛褐色。后翅基部灰褐色，其余为黑褐色，中央有两个模糊的淡色月形斑，缘毛灰白。足的股节、胫节被灰白和黑色相杂的毛丛（图58）。

图57　龙眼合夜蛾幼虫为害状

　　幼虫：末龄幼虫体长41.0～50.0毫米，体色茶褐至灰黑褐色。头近方形，红褐色。额区蜕裂线呈三角形排列。气门下线较宽，黄白色（图59）。

　　蛹：体长17.0～18.0毫米，腹宽4.5毫米，红褐色。全体薄被白色蜡粉。腹端具臀棘8根（图60）。

图58　龙眼合夜蛾成虫　　　图59　龙眼合夜蛾幼虫　　　图60　龙眼合夜蛾蛹

发生特点

发生代数	不详
越冬方式	不详
发生规律	在广西南部地区幼虫每年5～10月危害龙眼的嫩叶
生活习性	幼虫有群集为害习性，遇惊能迅速跳动落地，但无明显假死性。成虫昼伏夜出，有趋光性，灵敏善飞

防治适期 在低龄幼虫群集为害时进行防治能有效控制其种群数量。

防治措施 参照佩夜蛾的防治方法。

粗胫翠尺蛾 ……………………………………………

分类地位 粗胫翠尺蛾（*Thalassodes immissaria* Walker）属鳞翅目（Lepidoptera）尺蛾科（Geometridae）。

为害特点 主要以幼虫为害荔枝和龙眼的嫩梢及嫩叶（图61），虫口密度大时可把荔枝、龙眼嫩叶和嫩芽吃光，还可取食花穗，导致无法挂果（图62）。

图61　粗胫翠尺蛾为害嫩叶　　　　图62　粗胫翠尺蛾为害花穗

形态特征

成虫：体长18.0～20.0毫米，翅展30.0～34.0毫米，雄虫触角羽毛状，雌虫呈丝状。静息时平展四翅。前后翅呈淡绿色或翠绿色，密布白色细翠纹，前后翅均有白色波状的前中线和后中线1条，前翅外缘、后翅外缘和内缘具黑色刻点，缘毛淡黄色。体背面附有绿色鳞片。雌虫腹部末端圆筒形，产卵器无鳞片覆盖；雄虫腹部较尖，抱握器清晰可见（图63）。

卵：圆柱形，直径0.6～0.7毫米，高0.3毫米，中间略凹陷。初产为浅黄色，孵化前为深红色（图64）。

幼虫：初孵幼虫淡黄色，体长约3.0毫米，背中线明显呈红褐色；幼虫三龄后体色变为青绿色，背中线颜色逐渐变浅，形似寄主新抽的细梢；五龄幼虫体长2.8～3.2毫米，体色随附着枝条颜色而异，有灰绿、青绿、灰褐和深褐等色，形似寄主细枝，背中线逐渐消失。头顶两侧有角状隆起，腹足2对，臀足发达（图65）。

蛹：呈纺锤形，长1.7～2.2毫米，初呈粉灰色，后渐变为褐色，近羽化时翅芽清晰可见，呈墨绿色，臀棘具钩刺4对，呈倒U形排列。

图63　粗胫翠尺蛾成虫

图64　粗胫翠尺蛾卵

图65　粗胫翠尺蛾幼虫

发生特点	
发生代数	广东省每年可发生7~8代，世代重叠
越冬方式	一般以幼虫在地面、草丛、树冠和叶间等地方越冬
发生规律	越冬代成虫于3月中下旬羽化，第一代幼虫4月为害春梢及花穗，以后30~45天完成一个世代，第三代以后世代重叠。5~7月的夏梢期和9~11月的秋梢期为粗胫翠尺蛾的2个发生高峰期。11月上旬至12月中旬进入越冬期
生活习性	成虫羽化多发生在夜间，羽化后当晚即可交尾，具有趋光性

防治适期 于幼虫一至二龄期喷杀防治效果最佳。

防治措施

（1）**农业防治** ①入冬清园。冬季修剪病虫害枝叶，清除园内枯枝落叶，破坏其幼虫的越冬场所，减少下一代虫源的基数。②结合中耕除草铲除果园内的杂草以消除部分虫源。③粗胫翠尺蛾的低龄幼虫只取食荔枝的嫩梢和嫩叶，因此采取统一放梢、修剪荫枝嫩梢、合理施肥等促进新梢整齐健壮的农业措施对尺蛾种群数量增长有非常明显的抑制作用。

（2）**物理防治** 粗胫翠尺蛾成虫趋光性很强，可以用黑光灯、高压汞灯或频振式杀虫灯进行诱杀。

（3）**生物防治** 叉角厉蝽可捕食粗胫翠尺蛾幼虫，平均每天每头可捕食三至五龄粗胫翠尺蛾幼虫2头。

（4）**药剂防治** 目前防效较好的药剂包括：4.5%高效氯氟氰菊酯乳油1 000~1 500倍液、2.5%溴氰菊酯乳油1 000~1 500倍液、20%甲氰菊酯乳油1 000~1 500倍液、48%毒死蜱乳油1 000倍液、1.8%阿维菌素乳油1 500~2 000倍液、2%甲氨基阿维菌素苯甲酸盐乳油2 000~2 500倍液、15%茚虫威悬浮剂2 500倍液、2.5%多杀霉素悬浮剂1 000倍液、20%氯虫苯甲酰胺悬浮剂2 000倍液。

大造桥虫

分类地位 大造桥虫（*Ascotis selenaria*）属鳞翅目（Lepidoptera）尺蛾科（Geometridae）。

为害特点 以幼虫取食为害荔枝嫩芽、嫩梢，导致叶片残缺和新梢折断。

形态特征

　　成虫： 体长15.0～18.0毫米，翅展38.0～40.0毫米，体色差异较大但一般为浅灰色，头部细小、棕褐色，复眼黑色，下唇须灰褐色，雄蛾触角栉齿状、雌蛾线状。前翅灰白色，翅脉橙黄色，中域存在一褐色的斑块，斑块外侧为一褐色锯齿状条纹，外缘附有黑色半月形斑块；后翅灰白色，翅脉橙黄色，斑纹与前翅相似（图66）。

图66　大造桥虫成虫

　　卵： 长椭圆形，直径0.7毫米，初产时为翠绿色，孵化前为灰白色，表面具纵向排列的花纹（图67）。

　　幼虫： 一龄幼虫体黄白色，有黑白相间纵纹。老熟幼虫体长38.0～49.0毫米，胸背侧面密布黄点。背线甚宽，直达尾端，第2腹节和第8腹节背面各有1对锥形棕黄色的瘤突，亚背线黑色，气门线黄褐色（图68）。

　　蛹： 长14.0～17.0毫米，纺锤形，化蛹初期为青绿色，后逐渐变为深褐色，略有光泽，第5腹节两侧前缘各有一个长条形凹陷，黑褐色，臀棘2根（图69）。

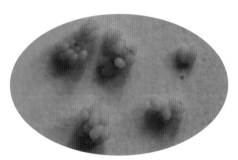

图67　大造桥虫卵

图68　大造桥虫幼虫

图69　大造桥虫蛹

发生特点

发生代数	北方地区一年发生 2 ~ 3 代，长江下游地区一年发生 4 ~ 5 代，世代重叠
越冬方式	以蛹在土中越冬
发生规律	幼虫为害期在 5 ~ 10 月，10 月老熟幼虫入土化蛹越冬
生活习性	成虫有趋光性，昼伏夜出

防治适期 越冬代成虫初羽化期以及 5 ~ 10 月低龄幼虫为害高峰期集中灭杀。

防治措施 参照粗胫翠尺蛾防治方法。

油桐尺蠖

分类地位 油桐尺蠖 (*Buasra suppressaria* Prout) 属鳞翅目 (Lepidoptera) 尺蛾科 (Geometridae)，又名大尺蛾、大尺蠖、桉尺蠖。

为害特点 主要以幼虫取食叶片，幼虫食量大，大量发生时能将叶片吃尽，严重影响树体的生长，偶见幼虫为害荔枝花穗和龙眼嫩茎（图70、图71）。

图71 油桐尺蠖幼虫为害龙眼嫩芽

图70 油桐尺蠖幼虫为害荔枝花穗

形态特征

成虫： 雌雄异型。雌成虫体长24.0～25.0毫米，翅展67.0～76.0毫米。触角丝状。翅灰白色，密布灰黑色斑点。翅基线、中横线和亚外缘线各有一不规则的黄褐色波状横纹，外缘波浪状，缘毛黄褐色。腹部末端具黄色绒毛。雄成虫体长19.0～23.0毫米，翅展50.0～61.0毫米。触角羽毛状，黄褐色，翅基线、亚外缘线灰黑色，腹末尖细。其他特征同雌成虫（图72）。

卵： 椭圆形，长0.7～0.8毫米，初产时青绿色，即将孵化时呈黑色。常数百至千余粒聚集成堆，上覆黄色绒毛。

幼虫： 末龄幼虫体长56.0～65.0毫米。体色有深褐、灰绿、青绿色，气门紫红色。头密布棕色颗粒状小点，头顶中央凹陷，两侧具角状突起。前胸背面具2个突起。腹部第8节背面微突，胸腹部各节均具颗粒状小点（图73）。

蛹： 圆锥形，长19.0～27.0毫米。头顶有1对黑褐色小突起，翅芽达第4腹节后缘。

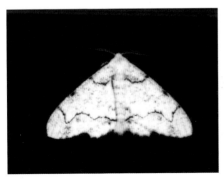

图72　油桐尺蠖成虫

图73　油桐尺蠖幼虫

发生特点

发生代数	华南地区一年发生3～4代，世代重叠
越冬方式	以蛹在土中越冬
发生规律	翌年4月上旬至中旬成虫开始羽化，4月下旬为羽化盛期；第一代幼虫5月上旬孵出，5月下旬开始结茧化蛹，6月上旬成虫羽化，6月中旬为羽化盛期；第二代幼虫7月上旬开始孵出，8月下旬初开始化蛹；第三代幼虫9月中旬开始孵化，9月下旬开始化蛹，10月中旬为成虫羽化盛期
生活习性	成虫有假死性和趋光性，雄蛾的趋光性强，昼伏夜出，飞翔力强

防治适期 于一至二龄幼虫发生高峰期进行防治。

防治措施

（1）**人工防治** ①深翻灭蛹或在发生严重的果园于各代蛹期进行人工挖蛹。②根据成虫多栖息于高大树木或建筑物上及受惊后有落地假死习性，在各代成虫期于清晨进行人工扑杀。③卵多集中产在高大树木的树皮缝隙间，可在成虫盛发期后人工刮除卵块。④幼虫化蛹前，在树干周围铺设薄膜，上铺湿润的松土，引诱幼虫化蛹并加以杀灭。

（2）**物理防治** 利用成虫的趋光性，可安装黑光灯、高压汞灯或频振式杀虫灯进行诱杀。

（3）**生物防治** 用油桐尺蠖核多角体病毒（BsSNPV）防治油桐尺蠖幼虫，第一代虫口下降率为97.2%，第二代虫口下降率为93.97%。

（4）**药剂防治** 参照粗胫翠尺蛾的药剂防治方法。

波纹黄尺蛾 ·······························

分类地位 波纹黄尺蛾[*Perixera illepidaria* (Guenée)]属鳞翅目（Lepidoptera）尺蛾科（Geometridae）。

为害特点 主要以幼虫为害荔枝、龙眼的嫩叶和新梢，发生严重时，往往将叶片取食殆尽，仅留秃枝。

形态特征

成虫：体长7.0毫米，翅展23.0毫米。头灰黄色，触角丝状，复眼半球状，黑色。体背灰黄白色。前后翅均为泥黄色，翅面密布许多不规则的黑点，外缘各脉端部有1个小黑点，缘毛灰黄色。足细长，黄白色（图74）。

幼虫：老熟幼虫体长17.0 ~ 20.0毫米，棕褐色。头部正面额区稍凹陷，黑褐色，两颊灰白色。腹部1 ~ 4节气门上各有一斜置的梭形黑褐色斑纹（图75）。

蛹：体长11.0 ~ 12.0毫米，草绿色。前端宽平，尾端尖细。头部两侧各有1个向前伸出的黄褐色的角状突，角状突基部外侧各有1条金黄色的边棱伸至第3腹节的1/2处。腹部末端黑褐色，具尾钩6根（图76）。

图74 波纹黄尺蛾成虫　　图75 波纹黄尺蛾幼虫　　图76 波纹黄尺蛾蛹

发生特点

发生代数	该虫一年发生代数未知
越冬方式	越冬方式未知
发生规律	在广西南宁一带每年9月底至10月于龙眼秋梢时期发生数量较多，春、夏梢时期则很少发生
生活习性	幼虫行动不活跃，呈拟态

防治适期 荔枝、龙眼秋梢期发生数量大，应抓住低龄幼虫期开展防治工作。

防治措施 参照粗胫翠尺蛾防治方法。

大钩翅尺蛾

分类地位 大钩翅尺蛾（*Hyposidra talaca* Walker）属鳞翅目（Lepidoptera）尺蛾科（Geometridae）。

为害特点 主要以幼虫取食荔枝和龙眼的嫩叶，虫口密度大时，叶片被取食殆尽，一片枯黄，幼树濒临死亡（图77）。

形态特征

　　成虫：雌虫体长16.0～24.0毫米，翅展38.0～56.5毫米；雄虫体长12.0～17.5毫米，翅展28.5～38.0毫米。头部灰黄褐色，复眼黑褐色。触角雄性为羽状，雌性为丝状。体黄褐色至灰紫黑色。翅灰黄褐色，前翅

图77　大钩翅尺蛾幼虫为害荔枝叶片和嫩梢

顶角外凸呈钩状，翅面斑纹较翅色略深，内线纤细，在中室内弯曲，中域至外缘有一呈锯齿状的深色宽带。后翅外缘中部有微小凸角，翅面斑纹同前翅，但通常较弱。翅背面灰白色，斑纹与正面相同，但往往比正面更清晰（图78）。

卵：椭圆形，长0.7～0.9毫米，宽0.45～0.55毫米。初产时青绿色，孵化前为黑褐色。卵壳表面有许多排列整齐的小颗粒。

幼虫：大钩翅尺蛾幼虫与大造桥虫幼虫较为相似。其不同之处是，大造桥虫幼虫第2腹节背面有1对锥状的棕黄色较大瘤突，第8腹节背面同样有1对较小的瘤突，而大钩翅尺蛾幼虫则没有。但大钩翅尺蛾幼虫前胸及腹部第1～6腹节各有1条白色点状带，第8腹节背面有4个白斑点（图77）。

蛹：纺锤形，长10～15毫米，宽3.5～5毫米，褐色，气门深褐色（图79）。

图78　大钩翅尺蛾成虫

图79　大钩翅尺蛾蛹

发生特点

发生代数	在福建省一年发生5代，世代重叠
越冬方式	以蛹在土中越冬
发生规律	翌年3月中旬成虫开始羽化。第一至五代幼虫分别于3月下旬、5月中旬、7月上旬、8月下旬和10月中旬孵出，11月下旬老熟幼虫陆续下地入土化蛹并开始越冬
生活习性	初孵幼虫爬行迅速，受惊扰即吐丝下坠。成虫飞翔能力较强，趋光性中等

防治适期 第一代低龄幼虫盛发期进行防治效果最佳。

防治措施 参照粗胫翠尺蛾防治方法。

青尺蛾 ···

分类地位 青尺蛾（*Anisozyga* sp.）属鳞翅目（Lepidoptera）尺蛾科（Geometridae）。

为害特点 以幼虫取食荔枝的新梢嫩叶，夏秋梢期为害更甚，严重时可食完整株树的嫩叶和嫩梢，仅留下秃枝（图80）。

图80 青尺蛾幼虫为害荔枝叶

形态特征

　　成虫：体长 15.0 ～ 18.0毫米，翅展 24.0 ～ 27.0毫米。雌虫触角丝状，雄虫羽状。体青绿色，背侧附有白斑。前后翅青绿色，布满白色斑块，外缘青绿色，各翅脉端部具白色缘毛（图81）。

　　卵：圆柱形，长0.5 ～ 0.6毫米，初产浅青色，孵化前红色。

幼虫：初孵时淡黄色，老熟时棕褐色，头胸深褐色，头部有两个突起，各节间内陷呈串珠状，三至五龄有明显的脊状背中线（图80）。

蛹：纺锤形，亮绿色，臀棘5对，排列呈倒V形（图82）。

图81　青尺蛾成虫

图82　青尺蛾蛹

发生特点

发生代数	在广东、福建等荔枝产区，每年发生7～8代，世代重叠
越冬方式	多以蛹在地面草丛、落叶间及树冠上的叶间越冬，少数以老熟幼虫于树上荫蔽叶间越冬
发生规律	第一代发生于3月下旬至5月上旬，第二代发生于5月上旬至6月上旬，以后约每月发生一代，最后一代幼虫出现于11月上旬至12月中旬。从第三代开始世代重叠，8～11月发生为害最重
生活习性	夜间活动，具有趋光性

防治适期　于低龄幼虫发生高峰期进行防治。

防治措施　参照粗胫翠尺蛾防治方法。

间三叶尺蛾

分类地位　间三叶尺蛾（*Sauris interruptaria* Moore）属鳞翅目（Lepidoptera）尺蛾科（Geometridae）。

为害特点　主要以幼虫取食为害荔枝的新梢嫩叶（图83）。

图83　间三叶尺蛾幼虫为害状

成虫：体长17.0～19.0毫米，翅展25.0～28.0毫米。触角为丝状，体暗绿色。前翅暗绿色，布满黄绿色至暗褐色波状纹；后翅灰色（图84）。

卵：长卵圆形，长1.5～1.7毫米。初产浅黄色，孵化前红色（图85）。

幼虫：初孵时浅黄色，老熟时青绿色；三至五龄有明显的浅青色气门线（图86）。

蛹：纺锤形，臀棘4对，呈弧形排列（图87）。

图84　间三叶尺蛾成虫　　　　　　图85　间三叶尺蛾卵

图86　间三叶尺蛾幼虫　　　　　　图87　间三叶尺蛾蛹

发生特点

发生代数	一年发生7～8代，世代重叠
越冬方式	多以蛹在草丛及落叶上越冬，少数以老熟幼虫于树上荫蔽叶间越冬
发生规律	第一代发生于3月下旬至5月上旬，第二代发生于5月上旬至6月上旬，以后约每月发生1代，最后一代幼虫出现于11月上旬至12月中旬。从第三代开始世代重叠，8～11月发生为害最重
生活习性	成虫白天喜栖息于树冠及枝叶的背光处，两翅平展不动，受惊时短距离迁飞。夜间活动，飞翔能力较强

防治适期 在越冬代成虫盛发期及低龄幼虫盛发期进行防治。

防治措施 参照粗胫翠尺蛾的防治方法。

褐带长卷叶蛾 ·····································

分类地位 褐带长卷叶蛾[*Homona coffearia* (Nietner)] 属鳞翅目（Lepidoptera）卷蛾科（Tortricidae）。又名咖啡卷叶蛾、柑橘长卷蛾、后黄卷叶蛾等。

为害特点 以幼虫为害荔枝和龙眼的嫩叶、嫩梢、花穗、果实。为害叶片时，幼虫吐丝将 数张叶片牵结成束后，匿居其中取食一面叶肉，被害部位呈褐色薄膜、穿孔或缺刻状；低龄幼虫可取食嫩茎，从嫩茎末端蛀入食害髓部，致使被害茎枯萎；为害花穗时将花蕊牵结在一起，从而影响开花授粉，以致不能结实。为害荔枝幼果时，蛀入果中取食果核，蛀孔外附有虫粪，致使被害果实掉落地面；为害龙眼果实时，幼虫常在数果相接处、果蒂及近蒂果面上吐丝缠绕，在其间取食近蒂部处果皮，被害部位呈暗褐色，同时出现受害果枯裂、果肉暴露的为害状，当幼虫蛀入果肉咬食果核时，引起落果（图88、图89）。

形态特征

　　成虫：雌虫体长8.0～10.0毫米，翅展25.0～30.0毫米；雄虫体长6.0～8.0毫米，翅展16.0～19.0毫米。体暗褐色。头小，头顶有深褐色鳞片，触角细短，约为前翅前缘的1/4。前翅暗褐色，近菱形，基部有较细的黑褐色斑纹，中域有一深褐色的条带，从前缘中央前方斜伸向后缘中央后方，顶角亦常呈深褐色。后翅淡黄色（图90）。

卵：椭圆形，纵径0.80～0.85毫米，横径0.55～0.65毫米，淡黄色，上覆胶质薄膜。

幼虫：幼虫分6龄。一龄幼虫体长1.2～1.6毫米，头黑色，前胸背板和前、中、后足深黄色。二、三龄幼虫头部、前胸背板及3对胸足黑色，体黄绿色。四龄幼虫体长7.0～10.0毫米，头深褐色，后足褐色，其余为黑色。五龄幼虫体长12.0～18.0毫米，头部深褐色，前胸背板黑色，体黄绿色。六龄幼虫体长20.0～23.0毫米，体黄绿色，头部黑色或褐色，前胸背板黑色，头与前胸相接的地方有一较宽的白带（图91）。

蛹：雌蛹体长12.0～13.0毫米，雄蛹8.0～9.0毫米，均为黄褐色。第10腹节末端狭小，具8条卷丝状臀棘（图92）。

图88　褐带长卷叶蛾幼虫为害荔枝嫩梢

图89　褐带长卷叶蛾幼虫为害荔枝果实

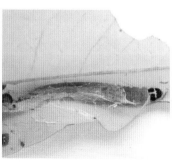

图90　褐带长卷叶蛾成虫　　图91　褐带长卷叶蛾幼虫　　图92　褐带长卷叶蛾蛹

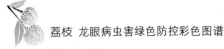
发生特点

发生代数	在福州一年发生6代，广州约7代
越冬方式	以幼虫在荔枝、龙眼等卷叶内越冬
发生规律	第一代幼虫主要为害荔枝幼果。第二代幼虫时期因荔枝果实已经成熟只能转害龙眼幼果。第三代幼虫发生时龙眼果实也近成熟，因而又转害叶片和嫩梢。盛发期常在3～10月
生活习性	成虫多在清晨羽化，白天静伏于枝叶上，夜间活动，略具趋光性

防治适期 在低龄幼虫期形成卷苞之前和成虫发生盛期进行防治。

防治措施

（1）**农业防治** ①在新梢期、花穗抽发期和幼果期，结合疏花疏果疏梢，捕杀或剪除卷叶虫苞或受害的花穗、幼果等；巡视果园时随时摘除卵块和蛹，捕捉幼虫和成虫。②加强管理，合理施肥，促使每批新梢抽发整齐健壮，缩短嫩梢期，减少褐带长卷叶蛾产卵和繁殖最短时间，以减轻其危害。③冬季清园，修剪带病虫害的枝叶，清除枯枝落叶，减少越冬虫口基数。

（2）**物理防治** 利用成虫的趋光性，在其盛发期用黑光灯或频振式杀虫灯诱杀，或用糖醋液诱杀（糖醋液=2份红糖+1份黄酒+1份醋+4份水）。

（3）**生物防治** 第一代、第二代成虫产卵期释放松毛虫赤眼蜂或玉米螟赤眼蜂，每代放蜂3～4次，间隔期7天左右，每公顷放蜂量为30万～40万头。

（4）**药剂防治** 药剂可选用每克含100亿个孢子Bt制剂800倍液、25%除虫脲可湿性粉剂1 500～2 000倍液、4.5%高效氯氟氰菊酯乳油1 000～1 500倍液、2.5%溴氰菊酯乳油1 000～1 500倍液、20%甲氰菊酯乳油1 000～1 500倍液、48%毒死蜱乳油1 000～1 500倍液、1.8%阿维菌素乳油1 500～2 000倍液、2%甲氨基阿维菌素苯甲酸盐乳油2 000～2 500倍液。

圆角卷叶蛾 ·····································

分类地位　圆角卷叶蛾[*Eboda cellerigera* (Meyrick)]属鳞翅目（Lepidoptera）卷蛾科（Tortricidae）。

为害特点　主要以幼虫为害荔枝的嫩芽、嫩叶及花穗，常吐丝将荔枝花或数片嫩叶缀合在一起，幼虫躲在其中为害，造成花穗枯萎，无法挂果（图93）。

图93　圆角卷叶蛾为害荔枝花穗

形态特征

　　成虫： 体长约5.2毫米，翅展约12.5毫米。头褐色，复眼灰绿色显黑点。触角短，3节，丝状，约为前翅前缘的1/3。静止时体态椭圆形，前翅灰褐色，翅并拢时中央有一白色飞鸟形的斑纹，近外缘有1条内具黑点的灰白色弧状横带，前缘以及外缘上有多个橙色的小斑，顶角圆钝（图94）。

　　幼虫： 老熟幼虫体长8.0～9.0毫米。头部和胸部黄绿色；老熟时头部单眼黑色。腹部各节红褐色，亚背线紫红色，宽带状（图95）。

　　蛹： 体长7.0毫米，初蛹翅芽青绿色，腹部黄褐色，中后期蛹体棕褐色，复眼黑色。中胸向后胸呈蛇状突出。第1～2腹节背面钩状刺突仅具痕迹，第3～7腹节前后缘各具一排钩刺突，近后缘中部的钩刺突较粗大，近前缘的一列仅具小形刺突。末端近平截，有8条卷丝状的臀棘（图96）。

| 图94 圆角卷叶蛾成虫 | 图95 圆角卷叶蛾幼虫 | 图96 圆角卷叶蛾蛹 |

发生特点

发生代数	未知
越冬方式	未知
发生规律	每年4月中下旬开始出现为害，发生盛期与荔枝花期重叠。8～9月还发现有少数卷嫩叶为害现象，但数量明显减少
生活习性	幼虫一旦受惊扰则吐丝下坠逃跑，稍等片刻，幼虫沿丝而上，回到原来位置。老熟幼虫多在卷叶中吐丝将叶片卷折或是吐丝将花穗缠在一起，在其中化蛹

防治适期 在低龄幼虫期形成卷苞之前和成虫发生盛期进行防治。

防治措施 参照褐带长卷叶蛾防治方法。

后黄小卷蛾

分类地位 后黄小卷蛾（*Cacoecia asiatica*）属鳞翅目（Lepidoptera）卷蛾科（Tortricidae）。

为害特点 以幼虫取食荔枝和龙眼的花穗和嫩芽，少数为害幼果，但数量不多。幼虫常咬断花穗的嫩梗，吐丝将其结成小团，直接导致花穗枯死无法挂果（图97）。

图97　后黄小卷蛾幼虫为害荔枝花穗

形态特征

　　成虫：雌虫体长7.0～9.0毫米，翅展20.0～26.0毫米；雄虫体长6.0～8.0毫米，翅展18.0～20.0毫米。头、胸部为暗褐色，腹部为黄褐色。雌虫触角丝状，长约为前翅的1/3。前翅略呈长方形，深褐色，有不规则的网状线纹，翅基约1/4处有3条黑褐色的细小斑纹。顶角深褐色。后翅近三角形，淡黄色，基部附近较淡，外缘镶有灰白色的缘毛，近顶角的缘毛灰黑色。雄蛾体色浓暗，前翅基部和中部黑褐色，近基部有一扇形竖起的鳞毛丛，初羽化时毛丛竖起明显，随后向后卷曲，顶角区黑褐色（图98）。

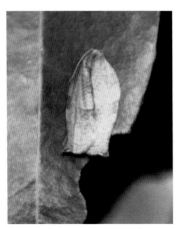

图98　后黄小卷蛾成虫

　　卵：椭圆形，纵径0.9～1.0毫米，横径0.6～0.67毫米；卵壳具不规则的网纹。卵粒鱼鳞状排列呈块状，初产时为淡黄色，后渐变成淡褐色。

　　幼虫：末龄幼虫体长22.0～23.0毫米，宽1.9～2.0毫米。头黑褐色，前胸背片漆黑色，其余部分为淡红褐色。胸前足黑色，中足淡褐色，后足淡黄色；腹足趾钩环状，单行3序，臀足趾钩单行单序横带（图97）。

　　蛹：长11.5～12.0毫米，宽3.5～3.7毫米。初蛹淡黄色，后渐变赭黄色，将羽

荔枝 龙眼病虫害绿色防控彩色图谱

化时深褐色。头前端突出，胸背蜕裂线明显。舌状突后端尖小，并伸至后胸的2/3处，沿后突周缘的后胸背有一明显且均匀下陷的凹沟。但第1腹节的背面前中央则没有凹陷部分，腹末具8根臀棘。

发生特点

发生代数	福建一年发生6代
越冬方式	以幼虫越冬
发生规律	在广西南宁一带，每年3月上中旬越冬成虫先后羽化
生活习性	成虫白天隐蔽于树冠内静息，夜间行交尾产卵活动，交尾盛期于夜间8:00～11:00，下半夜或次晚即可产卵。幼虫行动太敏捷，但受强烈扰动时可前后跳跃下坠并重新结苞为害

防治适期 在低龄幼虫期形成卷苞之前和成虫发生盛期进行防治。

防治措施 参照褐带长卷叶蛾防治方法。

拟小黄卷叶蛾

分类地位 拟小黄卷叶蛾（*Adoxophyes cyrtosema* Meyrick）属鳞翅目（Lepidoptera）卷蛾科（Tortricidae）。

为害特点 以幼虫为害叶片、花穗及果实。为害花穗时，吐丝将几个小穗牵连在一起，匿居其中，取食小梗基部，致使梗上部的花枯死；为害叶片时，将叶片重叠在一起，在其间啮食表皮，二龄以后缠缀数叶匿藏其中食害；为害果实时，蛀食幼果，造成落果（图99）。

图99 拟小黄卷叶蛾为害荔枝、龙眼
（A为害荔枝花穗 B为害龙眼叶片）

形态特征

　　成虫：体黄色，长7.0 ～ 8.0毫米，翅展17.0 ～ 18.0毫米。头部有黄褐色鳞毛，触角黄褐色，约为前翅前缘的1/3。雌虫前翅前缘近基部1/3处有较宽黑褐色斑纹，在顶角处有黑褐色近三角形的斑点。雄虫前翅后缘近基角处有近方形的黑纹，两翅相合时成为六角形的斑点。后翅淡黄色，基角及外缘附近白色（图100）。

　　卵：椭圆形，初产时淡黄色，后渐变为深黄色，孵化前为黑色。卵聚集成块，呈鱼鳞状排列，卵块椭圆形，上方覆角质薄膜（图101）。

　　幼虫：末龄幼虫体长11.0 ～ 18.0毫米。除一龄幼虫头部为黑色外，其余各龄皆为黄色。前胸背板淡黄色，胸足淡黄褐色（图102）。

　　蛹：黄褐色，纺锤形，长约9.0毫米，宽约2.3毫米，雄蛹略小（图102）。

图100　拟小黄卷叶蛾成虫

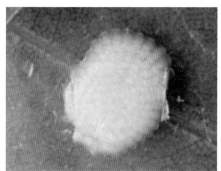

图101　拟小黄卷叶蛾卵

图102　拟小黄卷叶蛾
　　　　幼虫及蛹

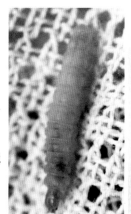

发生特点

发生代数	闽南、岭南等地区一年发生 7 ～ 9 代，世代重叠
越冬方式	多以三至四龄幼虫在叶间越冬
发生规律	福州于翌年 4 月上旬逐渐开始活动，至老熟时转至老叶化蛹。4 月下旬至 5 月上旬第一代幼虫出现；第二代幼虫为害龙眼幼果，少部分为害果实，大部分为害嫩叶；第三代幼虫仍有少部分为害果实，以后各代幼虫都为害嫩叶
生活习性	羽化后于当晚或次日交尾，有趋光性

防治适期 在低龄幼虫期形成卷苞之前和成虫发生盛期进行防治。

防治措施 参照褐带长卷叶蛾防治方法。

灰白卷叶蛾

分类地位 灰白卷叶蛾（*Argyroploce aprobola*）属鳞翅目（Lepidoptera）卷蛾科（Tortricidae）。

为害特点 以幼虫卷叶为害嫩叶（图 103）。

形态特征

成虫：雌虫体长 7.0 ～ 8.0 毫米，翅展 23.0 ～ 25.5 毫米。头小，复眼黑色。额区有黑色稀疏毛丛，触角丝状，灰褐色，触角间的毛丛棕褐色。胸部背面灰黑褐色。前翅前缘区黑褐色，2/3 处有一近方形斜置的黑斑，近顶角处有一黑褐色带自前缘伸至外缘 1/2 处，其余为灰白色，且翅面密

图 103　灰白卷叶蛾幼虫为害荔枝

布黑色小点。前缘和后缘基部有一近方形黑白色相间的斑；后缘约 2/3 处具一较大的方形黑色斑。后翅前缘由基部至端部灰白色，余为灰黑色，臀角宽大。雄虫臀角边缘有一束灰黑毛（图 104）。

幼虫：老熟幼虫12.0 ~ 15.0毫米。头部褐色，前胸盾片和足均为褐黑色，中胸以后各体节为淡黄绿色（图105）。

蛹：体长约10.0毫米，深褐色。第2 ~ 7腹节前后缘有两横列钩状刺突，近前缘钩状刺突较粗大。腹部末端尖锐突出，着生8条臀棘，卷丝状（图106）。

图104　灰白卷叶蛾成虫　　　图105　灰白卷叶蛾幼虫　　　图106　灰白卷叶蛾蛹

发生特点

发生代数	不详
越冬方式	不详
发生规律	在广东、广西一带的荔枝、龙眼园里，6月之前发生量少，7 ~ 11月发生量较大，其中7 ~ 8月世代重叠
生活习性	羽化后于当晚或次日交尾，有趋光性

防治适期 在低龄幼虫期形成卷苞之前和成虫发生盛期进行防治。

防治措施 参照褐带长卷叶蛾防治方法。

黄三角黑卷叶蛾 ··

分类地位 黄三角黑卷叶蛾（*Olethreutes leucaspis* Meyrick）属鳞翅目（Lepidoptera）卷蛾科（Tortricidae），又名三角新小卷蛾。

为害特点 以幼虫为害嫩梢、嫩叶，影响树体的正常生长发育，偏好为害夏、秋梢，直接影响翌年结果母枝的形成（图107）。

形态特征

成虫：体长7.0～7.5毫米，翅展17.0～18.0毫米。头部黑褐色，头顶毛丛稀疏，复眼黑色。触角为丝状，黑褐色，长度约为前翅前缘的1/3。前翅灰黑褐色，在前缘约2/3处有一近三角形淡黄色斑块，臀角处灰白色。后翅前缘从基部至中部灰白色，其余为灰黑褐色（图108）。

卵：长椭圆形，初产乳白色，孵化前呈黄白色。正面中央稍突起，卵壳表面有近正六边形的刻纹。

图107 黄三角黑卷叶蛾为害荔枝嫩叶

幼虫：初孵体长约1.0毫米，头黑色，体淡黄色，胴部淡黄白色。二龄开始头呈淡黄色，胸部淡黄绿色。老熟幼虫至预蛹期头灰褐色，两颊后下方各有一近长方形的黑色斑（图109）。

蛹：体长8.0～8.5毫米，宽2.3～2.5毫米，蛹初期呈淡黄绿色，中期头部红色，翅芽及腹部黄褐色，羽化前翅芽呈黑色并可透视前翅的黄三角斑块（图110）。

图108　黄三角黑卷叶蛾成虫　图109　黄三角黑卷叶蛾幼虫　图110　黄三角黑卷叶蛾蛹

发生特点

发生代数	广西南宁一年发生9代，世代重叠严重
越冬方式	无明显越冬迹象，冬春时期仍可见到各种虫态
发生规律	第一代常发生于1～4月，虫口数量少；第二代于4月上中旬化蛹；从4月下旬至11月上中旬发生的各世代，历期短，数量大，为害重
生活习性	幼虫受到扰动能剧烈跳动。成虫白天在地面的落叶或杂草丛中停息，晚间交尾产卵

防治适期　在低龄幼虫期形成卷苞之前和成虫发生盛期进行防治。
防治措施　参照褐带长卷叶蛾防治方法。

荔枝异形卷叶蛾 ·······

分类地位　荔枝异形卷叶蛾 [*Cryptophlebia ombrodelta* (Lower)]属鳞翅目（Lepidoptera）卷蛾科（Tortricidae），又名荔枝黑点褐卷叶蛾、荔枝异形小卷蛾、荔枝小卷蛾、澳大利亚坚果蛀螟。

荔枝异形卷叶蛾

为害特点　初孵幼虫咬食果实表皮，二龄后蛀入荔枝果核内为害，在蛀孔留有褐色颗粒状虫粪及丝状物，蛀孔随着幼虫的生长而逐渐变大，常造成落果。

形态特征

　　成虫：雌雄异型，雌虫体长6.5～7.5毫米，翅展16.0～23.0毫米。头、胸及腹部褐色。头小，头顶有1束褐色的稀疏毛丛；触角丝状。前翅黑褐色，前缘近顶角处有深黑褐色纹，前翅后缘有1个近似三角形的黑色斑纹，其外围镶有灰白色窄边；后翅淡黑色，外缘具有灰黑色长毛。雄虫前翅淡黄棕色，顶角有褐色斜纹，后缘具深褐色长宽条斑；后足胫节及第一跗节具有浓密的黄白色及黑色相间的长鳞毛（图111）。

　　卵：卵呈鱼鳞状，一般3～4列排成卵块。

　　幼虫：末龄幼虫体长12.0～13.0毫米，宽2.5～3.0毫米，头部和前胸背板褐色，背面粉红色，两侧黑褐色，胸足浅褐色，臀板灰黑色。

　　蛹：深褐色，长10.5毫米，宽2.8毫米。第2～7腹节各节背面前后缘附近各有1排钩状刺突，第8腹节、第9腹节背面的钩状刺突特别粗大（图112）。

 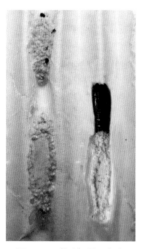

图111　荔枝异形卷叶蛾成虫　　图112　荔枝异形卷叶蛾茧和蛹

发生特点

发生代数	不详
越冬方式	10月以后多以幼虫在苏木科的腊肠树嫩茎中越冬
发生规律	一般在5月幼虫大量为害荔枝早熟种。在广西南宁地区，在5月中旬至7月上旬，荔枝中晚熟品种的果实从膨大期至成熟期均有幼虫蛀害。在广州地区，8～9月为害杨桃
生活习性	不详

防治适期　初孵幼虫咬食果实表皮阶段进行防治。

防治措施　参照褐带长卷叶蛾防治方法。

双线盗毒蛾 ·····························

分类地位　双线盗毒蛾[*Porthesia scintillans* (Walker)]属鳞翅目（Lepidoptera）毒蛾科（Lymantriidae）。

为害特点　幼虫不仅咬食荔枝和龙眼的新梢嫩叶，影响树体生长，而且咬食花器和谢花后的小果，导致落花落果，直接影响荔枝和龙眼的产量（图113、图114）。

图113　双线盗毒蛾幼虫为害花穗　　图114　双线盗毒蛾幼虫为害叶片

形态特征

成虫：雄虫体长8.0～11.0毫米，雌虫9.0～12.0毫米；雄虫翅展20.0～27.0毫米，雌虫25.0～37.0毫米。头部橙黄色，触角黄白色，栉齿黄褐色，复眼黑色，下唇须橙黄色。胸部浅黄棕色；腹部黄褐色，肛毛簇橙黄色，雌性腹部呈长筒形，雄性腹部末端尖。前翅黑褐色，微带紫色闪光，内线与外线黄色，向外呈弧形，有的个体不明显；前缘和外缘的缘毛黄色，外缘缘毛被赤褐色部分分割成3段；后翅黄色。足密布黄色长毛（图115）。

卵：扁圆形，直径约0.67毫米，初产时黄色，后逐渐变为红褐色。中间凹陷，表面光滑，有光泽，上覆黄褐色或棕色绒毛（图116）。

幼虫：老熟幼虫长21.0～28.0毫米。头部浅褐至褐色，胸腹部暗棕色；前中胸和第3～7腹节以及第9腹节背线黄色，其中央贯穿红色细线；后胸红色。前胸侧瘤红色，第1腹节、第2腹节和第8腹节背面有黑色绒球状短毛簇，其余毛瘤污黑色或浅褐色。第9腹节背面有一个倒叉形黄斑（图113、图114）。

蛹：椭圆形，雄蛹长8.0～10.0毫米，雌蛹长11.0～14.0毫米，黑褐色。前胸背面毛较多；中胸背面有椭圆形隆起，中央有1条纵脊，纵脊的两侧有2簇长刚毛；后胸及腹部各节的背面刚毛长而密（图117）。

茧：长椭圆形，浅棕褐色，丝质，不透明，上有许多疏散毒毛。

 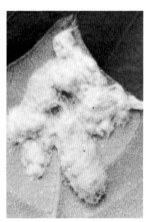 

图115 双线盗毒蛾成虫　　图116 双线盗毒蛾卵　　图117 双线盗毒蛾蛹

发生特点

发生代数	在福建一年发生7代，世代重叠
越冬方式	以幼虫越冬，但冬季气候较暖时，幼虫仍可取食活动
发生规律	越冬幼虫3月下旬开始结茧化蛹。第一代幼虫发生盛期在5月上旬，第二代在6月上旬，第三代在7月中旬，第四代在8月中旬，第五代在9月下旬，第六代在11月上旬，越冬代在1月上旬
生活习性	初孵幼虫有群集性，老熟幼虫入表土层结茧化蛹。成虫于傍晚或夜间羽化，有趋光性

防治适期 利用初孵幼虫的群集性对其进行集中灭杀。

防治措施

（1）**人工防治**　结合中耕除草和冬季清园，适当翻松园土，杀死部分虫蛹；也可结合疏梢、疏花捕杀幼虫。

（2）**物理防治**　利用成虫的趋光性，可利用杀虫灯进行诱杀。

（3）**药剂防治**　可选用2.5%高效氯氟氰菊酯乳油1 000～1 500倍液、5%高效氯氰菊酯乳油1 000～1 500倍液、20%氯虫苯甲酰胺悬浮剂2 000倍液、每克含100亿个孢子的苏云金杆菌制剂800倍液或2%甲氨基阿维菌素乳油1 500～2 000倍液。

荔枝茸毒蛾 ·····································

分类地位　荔枝茸毒蛾[*Orgyia postica* (Walker)]属鳞翅目（Lepidoptera）毒蛾科（Lymantriidae）。

为害特点　低龄幼虫取食寄主植物新梢、嫩叶，呈缺刻状，高龄幼虫取食转绿后的叶片、花穗，还可咬食将近成熟和已经成熟的荔枝果实的皮部、果肉等（图118）。

形态特征

成虫：雌雄成虫异型。雌虫蛆形，体长15.0～17.0毫米，浅黄褐色；头部小，被棕褐色短绒毛；触角短，锯齿状；腹部较肥大，尾端平截，各节被浅棕褐色绒毛。雄成虫体长9.0～12.0毫米，体灰褐色；触角羽状，栉齿黑褐色；前翅狭长，灰褐色，

图118　荔枝茸毒蛾为害荔枝花穗

翅脉为淡灰白色，中室后端横脉处有一深黑褐色的新月形斑纹，端线由灰黄白色的小点组成。后翅较宽大，深棕褐色（图119）。

卵：灰白色，横径为0.7毫米，纵径为0.6毫米，扁球形，顶部凹陷，表面光滑略有光泽（图120）。

幼虫：末龄幼虫体长31.0～34.0毫米，体红褐色，头部黄色至浅红褐色，身被红褐色至灰白色小刺状的长、短毛。背上有4簇黄毛，左右各有2簇白色毛束，近末节上有红褐色长毛簇（图121）。

蛹：雌蛹体长约13.0毫米，浅黄绿色；各体节背面布有刚毛，第2、3腹节背面两侧各有1个突起的小腺体。雄蛹纺锤形，初期黄白色，后期深褐色（图122）。

茧：黄色，带黑色毒毛。

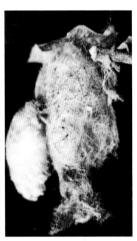

图119　荔枝茸毒蛾成虫（左为雄成虫；右为雌成虫）　　图120　荔枝茸毒蛾卵

图122　荔枝茸毒蛾蛹

图121　荔枝茸毒蛾幼虫

发生特点

发生代数	一年发生6代，世代重叠
越冬方式	以幼虫越冬
发生规律	各代分别发生在3月下旬至5月上旬、5月上旬至6月中旬、6月中旬至7月下旬、7月中旬至9月下旬、9月下旬至11月中旬、12月下旬至翌年3月下旬。每年6~8月可见各种虫态同时存在
生活习性	虫孵出后群集于植株上为害后再分散，雄虫具有趋光性

防治适期　在初孵幼虫群集为害时进行防治效果最佳。

防治措施

（1）**物理防治**　灯光诱杀。3月下旬至4月中旬，设置黑光灯诱杀越冬代雄成虫。

（2）**生物防治**　保护和利用天敌。该虫大发生期间，天敌寄生率通常可达50%以上，可采茧存放于养虫笼中，待寄生天敌羽化飞出再加以利用。

（3）**药剂防治**　参照双线盗毒蛾防治方法。

大茸毒蛾

分类地位　大茸毒蛾（*Dasychira thwaitesi* Moore）属鳞翅目（Lepidoptera）毒蛾科（Lymantriidae）。

为害特点　以幼虫取食叶片，二至三龄幼虫咬食嫩叶，三龄后取食转绿后的叶片，造成叶片缺刻，亦可为害花器，影响荔枝产量。

形态特征

　　成虫：雌虫体长21.0~26.0毫米，翅展70.0~75.0毫米。触角羽毛状，栉齿棕黄色。腹部灰白色。前翅灰白色上稀有黑褐色小鳞点；亚基线黑色不甚清晰；外线黑色，端线和亚端线黑褐色；缘毛白色。后翅白色。足胫节和跗节有黑褐色斑，其余为灰白色（图123）。

　　卵：近圆球形，黄色，表面光滑，有光泽（图124）。

　　幼虫：末龄幼虫体长45.0~48.0毫米，胸宽8.0~9.0毫米。头部和足黄白色，体灰白或灰绿色。体被灰黄白、柠檬黄或黄黑色混杂的绒毛，

荔枝 龙眼病虫害绿色防控彩色图谱

绒毛长短不一。第1、2腹节背面节间有一深黑色大斑；第8腹节背面中央有一束带小刺长毛，柠檬黄色（图125）。

蛹：雌蛹体长约19.0毫米；雄蛹体长14.0～15.0毫米。初蛹为淡白色，后渐变成黄褐色；头、胸背面和中胸小盾片黄褐色；翅芽末端不伸至第4腹节后缘；腹部第4～7节的腹面为淡黄色（图126）。

茧：黄白色，丝轻薄松散，并覆有幼虫体毛（图127）。

图123 大茸毒蛾成虫

图124 大茸毒蛾卵

图125 大茸毒蛾幼虫

图126 大茸毒蛾蛹

图127 大茸毒蛾茧

发生特点

发生代数	不详
越冬方式	不详
发生规律	广西南宁地区一年于3～12月均发现有幼虫取食为害
生活习性	成虫有趋光性

· 66 ·

防治适期 在成虫发生盛期及低龄幼虫期进行防治
防治措施 参照荔枝茸毒蛾的防治方法。

龙眼明毒蛾

分类地位 龙眼明毒蛾（*Topomesoides* sp.）属鳞翅目（Lepidoptera）毒蛾科（Lymantriidae）。

为害特点 以幼虫为害龙眼叶片，将叶片咬食成缺刻，发生量大时可将整株嫩叶取食殆尽，也可咬食花器，使其脱落。

形态特征

成虫：雌虫体长15.0～17.0毫米，翅展41.0～42.0毫米；雄虫略小。体被黄色的鳞毛。头部较小。触角双栉状，栉齿棕红色。前翅鲜黄色，中间有两条淡黄色的波纹状细线。细线中间近内缘有一黑斑。后翅颜色与前翅相同，无线斑。雌虫腹端平截，具深黄色短线毛丛（图128）。

卵：初产时淡黄绿色，后渐变为黄白色，将孵时暗褐色，扁球形，顶部中央凹陷。

幼虫：末龄虫体长30.0～33.0毫米，胸宽7.0～8.0毫米。体灰黑褐色，上布满灰黑色的毛瘤，瘤上生有带小刺状的灰黑色短毛。头黑褐色。前胸背第十毛瘤较粗大，黑色；中、后胸的第二、三毛瘤玫瑰红色，上生灰黑色带小刺状的短毛丛。背线黄白色，各节背线上有一小红点，各节间有一小黑点（图129）。

蛹：体长15.0～16.0毫米，胸宽5.5～6.5毫米，黄褐色。复眼和触角较粗大，突起。中胸背片光滑。腹端具短小臀棘（图130）。

图128 龙眼明毒蛾成虫

图129　龙眼明毒蛾幼虫　　　图130　龙眼明毒蛾蛹

发生特点

发生代数	不详
越冬方式	在广西南宁一带以蛹越冬
发生规律	一年中于4月和5月发生较为严重，3月中旬至4月上旬羽化为成虫
生活习性	成虫多于16:00～17:00羽化，翌日上午交尾。初孵幼虫群居在原卵块附近，约3天后分散取食

防治适期 在初孵幼虫群集为害时进行防治。

防治措施 参照双线盗毒蛾的防治方法。

木毒蛾 ···

分类地位 木毒蛾（*Lymantria xylina* Swinhoe）属鳞翅目（Lepidoptera）毒蛾科（Lymantriidae），又称黑角舞蛾、木麻黄舞蛾、相思树舞蛾等。

为害特点 幼虫取食植株叶片，常造成叶片缺刻。大量暴发时不论嫩叶还是老叶全部啃光，果园如火烧状（图131）。

图131 木毒蛾幼虫为害荔枝
叶片（廖世纯 提供）

形态特征

成虫：雌雄异型。雌虫体长22.0～33.0毫米，翅展32.0～39.0毫米。腹部密被黑灰色毛，1～4腹节背面被红毛。翅黄白色，前翅具有亚基线；前缘近基部有2枚黑斑，中横线较宽，灰棕色；内横线仅在翅前缘处明显；前后翅的缘毛灰棕色与灰白色相间。足灰白色，被黑毛，仅基节端部及腿节外侧被红色长毛。雄虫体长16.0～25.0毫米，翅展24.0～30.0毫米。翅灰白色，前翅近顶角处有3个黑点，内横线明显或部分消失，中、外横线明显。腹部背面被白毛。足棕灰色，带黑色和红色斑（图132）。

卵：扁圆形，直径约为1.0毫米左右，灰白色至淡黄色。卵块呈长牡蛎形（图133）。

幼虫：老熟幼虫长37.0～62.5毫米，体色有黑灰色和黄褐色两种。

头淡黄色，具褐色斑点，有1个"八"字形黑色斑纹。背线黄色，亚背线上各节具有不同颜色的毛瘤，体侧毛瘤黄褐色，上附有灰白色至黑色的长毛束。足红褐色（图134）。

蛹：雌蛹长22.0～35.0毫米，宽8.0～12.0毫米；雄蛹长17.0～25.0毫米，宽6.0～9.0毫米。深褐色，前胸背面有黑色和黄色相间的毛，腹部各节均有白毛（图135）。

图132　木毒蛾成虫
（廖世纯　提供）

图133　木毒蛾卵
（廖世纯　提供）

图134　木毒蛾幼虫
（廖世纯　提供）

图135　木毒蛾蛹
（廖世纯　提供）

发生特点

发生代数	木毒蛾一年发生1～2代
越冬方式	以卵越冬
发生规律	于每年3月上中旬开始孵化，幼虫为害高峰期在4月下旬至5月上旬，5月上旬始见成虫羽化，羽化盛期在5月下旬
生活习性	初孵幼虫经2天或2天以上开始分散取食。成虫活动能力较弱，但具有较强的趋光性。羽化后第2天即可交配产卵，多在夜间进行

防治适期　初孵幼虫有群集为害习性，应在4～5月低龄幼虫发生高峰期时进行防治。

防治措施

（1）**人工防治**　冬季采摘卵块，降低翌年虫口基数。

（2）**物理防治**　在成虫发生期间，可用黑光灯或频振式灭虫灯诱杀成虫，以减少成虫产卵。

（3）**生物防治**　在每年 4 ～ 5 月木毒蛾幼虫刚孵出时，可用每克含 400 亿孢子的白僵菌可湿性粉剂 500 倍液进行防治，选择在高湿天气施药可提高叶片对白僵菌粉的吸附量，有利于使木毒蛾幼虫染病，提高防效。

（4）**药剂防治**　可用 2.5% 溴氰菊酯乳油 1 000 ～ 1 500 倍液、1.8% 阿维菌素乳油 1 500 ～ 2 000 倍液喷杀。

灰斑古毒蛾 ·······························

分类地位　灰斑古毒蛾（*Orgyia ericae* Germar），又名沙枣毒蛾，花棒毒蛾。属鳞翅目（Lepidoptera）毒蛾科（Lymantriidae）。

为害特点　低龄幼虫为害多种果树的花苞及嫩枝皮层，造成缺刻或孔洞，中高龄后幼虫取食转绿后的叶片，常将叶片全部吃完，造成树势减弱。

形态特征

成虫：雌雄异型。雄虫体长 8.0 ～ 10.0 毫米，翅展 22.0 ～ 27.0 毫米。触角羽状，黄色。前翅浅褐色，从前缘到后缘有 3 条深褐色波纹，其外缘有一清晰白斑，缘毛淡黄色。后翅暗褐色，翅基有密集的长毛，缘毛浅黄色。雌虫体长 10.0 ～ 15.0 毫米，体宽 5.0 ～ 9.0 毫米，翅退化，短胖，纺锤形，虫体上密披白色短毛，足短，跗节微退化，爪简单（图 136）。

卵：扁圆形，黄白色，长约 0.8 毫米，中央有 1 个棕色小点。

幼虫：老熟时体长 26.0 ～ 35.0 毫米，幼虫红黄色。头黑色。前胸背板两侧各有一由羽状毛组成的黑色长毛束。第 1 ～ 4 腹节背面中央各有一浅黄色毛刷，第 8 腹节背面有一由羽状毛组成的黑色长毛束。背线黑色，足黑色；瘤黄灰色，上生浅灰色长毛（图 137）。

蛹：褐色（雌）纺锤形或黑褐色（雄）圆锥形。蛹背被 3 撮白色短绒毛。雌雄蛹体长分别为 13.9 毫米和 11.0 毫米（图 138）。

茧：黄白色，松软。

图136　灰斑古毒蛾雄成虫　　图137　灰斑古毒蛾幼虫　　图138　灰斑古毒蛾蛹

发生特点

发生代数	不详
越冬方式	以卵在茧内越冬
发生规律	幼虫初见于5月，老熟幼虫在叶片荫蔽处结茧化蛹，蛹期约15天，于8月下旬羽化成虫
生活习性	初龄幼虫不群聚，喜食嫩枝叶和花朵，可依靠风力扩散，转移为害

防治适期　在低龄幼虫期进行防治，防治效果最佳。

防治措施

（1）**人工摘茧法**　灰斑古毒蛾在植株上结茧后，在冬季至5月底前摘茧、灭卵，消灭虫源。

（2）**化学防治**　可用S-氰戊菊酯、杀螟硫磷、5%吡虫啉乳油2 000倍液、灭幼脲3号等药剂防治。

缘点黄毒蛾 ·······························

分类地位　缘点黄毒蛾[*Euproctis fraterna*(Moore)]属于鳞翅目（Lepidoptera）毒蛾科（Lymantriidae），别名并点黄毒蛾。

为害特点　常以幼虫为害嫩叶，造成缺刻或孔洞。

形态特征

　　成虫：雄虫翅展25.0～30.0毫米，雌虫34.0～38.0毫米。头部浅黄色；触角浅黄色，栉齿棕黄色；下唇须浅黄色；胸部浅黄色带橙黄色；腹部和足黄色；前翅黄色，基部微带橙黄色；基线、内线和外线黄白色，不明显，肘状弯曲；中室中央有一橙色圆斑；亚端线由三个黑点组成，其中两个在顶区，一个在臀区；后翅浅黄色，后缘黄色（图139）。

　　幼虫：头部深红色，体黑色，亚背线白色，第九节和第十节背部具有白色斑点；第一节具有黑色向前伸的侧毛束，其他节毛瘤具白色毛丛；第十一节具黑色背毛束（图140）。

　　蛹：黄褐色（图141）。

　　茧：黄白色（图142）。

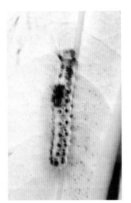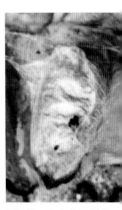

图139　缘点黄毒蛾成虫　　图140　缘点黄毒蛾幼虫　　图141　缘点黄毒蛾蛹　　图142　缘点黄毒蛾茧

发生特点　不详。

防治适期　低龄幼虫期进行防治，能有效杀死幼虫。

防治措施　参照双线盗毒蛾的防治方法

龙眼亥麦蛾

分类地位　龙眼亥麦蛾属（*Hypitima longanae* Yang et Chen）鳞翅目（Lepidoptera）麦蛾科（Gelechiidae）。

为害特点 主要以幼虫为害龙眼嫩梢，多从龙眼顶梢1～2厘米处蛀入，向下蛀食嫩茎木质部，被害部位形成隧道，并有黑色粉状排泄物堆积于隧道中，使新梢的正常生长因水分代谢失调而受影响，表现为叶片卷曲皱缩不能张开，花穗形成丛枝状、肥大、扭曲等形似鬼帚病的受害特征。但受害部位只局限于新梢和花穗，已伸展和定型的叶片不再出现卷曲、叶脉黄化、叶肉呈黄绿斑纹等龙眼鬼帚病特征（图143）。

图143　龙眼亥麦蛾为害状

形态特征

成虫： 体长3.5～5.0毫米，翅展10～12毫米，头部灰白色，头顶微褐色，被大鳞片。复眼黑色，喙覆白鳞。触角细长，短于前翅，鞭节腹面有斜伸的白鳞而呈锯齿状。胸部棕褐色杂有黑色鳞片。前翅较宽，灰褐色夹杂白、棕和黑色鳞片。后翅狭长，灰色，缘毛极长。足灰白色。雄性腹末截钝，有许多绒毛；雌性腹末尖削，绒毛较少（图144）。

卵： 扁椭圆形，长0.4～0.5毫米，宽0.2毫米，卵初产时乳白色，后转为淡黄色，将近孵化时为橘黄色，表面有网状纹和刻点。

幼虫： 幼虫分4龄。老熟幼虫体长7.0～9.0毫米，老熟幼虫黄褐色，头部红褐色。前胸盾宽大、黑色（图145）。

蛹： 体长5.0～6.0毫米，黄褐色，密生浅色短毛，头尾两端的毛明显。触角不伸出腹末。喙宽大，伸至第3腹节前缘处。腹末端在肛门的两侧有细长的刺钩20多根（图146）。

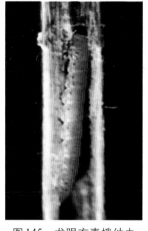

图144　龙眼亥麦蛾成虫　　图145　龙眼亥麦蛾幼虫　　图146　龙眼亥麦蛾蛹

发生特点

发生代数	一年发生5代，世代重叠
越冬方式	以老熟幼虫在枝梢隧道内越冬
发生规律	第一代幼虫为害春梢及花穗，影响抽梢及造成小花穗脱落；第二代幼虫主要为害夏梢及夏延秋梢，对翌年产量影响较大；第三代幼虫为害秋梢；第四代幼虫为害秋梢和冬梢；第五代幼虫为害冬梢，蛀食至11月中旬左右进入越冬期
生活习性	成虫白天多静伏于树干遮阳处，受惊动时作短暂飞行，很少远飞

防治适期　在越冬代成虫羽化盛期及初孵幼虫期进行防治，能有效控制种群数量。

防治措施

（1）**农业防治**　在龙眼亥麦蛾早期发生的果园，应及时而彻底地剪除被害枝梢，然后集中烧毁或深埋。

（2）**生物防治**　龙眼亥麦蛾的卵期有赤眼蜂、捕食螨、花蝽、蓟马、草蛉等天敌，幼虫期有黄长距茧蜂、扁股小蜂等寄生天敌，应加以保护和利用。

（3）**药剂防治**　对于龙眼亥麦蛾普遍严重发生的果园，应在龙眼每次新梢抽发初期，尤其是春梢或花穗抽发初期，用5%高效氯氰菊酯乳油1 000 ～ 1 500倍液或40%毒死蜱乳油1 000 ～ 1 500倍液喷雾，并在6 ～ 7天后再喷1次。

李条麦蛾 ......

分类地位 李条麦蛾[*Anarsia patulella* (Walker)]属鳞翅目（Lepidoptera）麦蛾科（Gelechiidae）。

为害特点 李条麦蛾在荔枝和龙眼上的为害方式与卷蛾科害虫类似，以卷叶为害。

形态特征

成虫：翅展11.0 ~ 11.5毫米，头部灰白褐色，额两侧褐色。触角灰褐色。下唇须长且向前突出，外侧黑褐色，内侧及其第二节末端灰白色。前翅灰白至灰褐色，散布黑色鳞片；前缘中部有1个半圆形黑斑；中室有1个斜置的黑色长斑，中室末端略后方有1个黑点；缘毛浅灰色至深灰色。后翅及其缘毛灰色，翅顶尖锐（图147）。

图147 李条麦蛾成虫

发生特点

发生代数	该虫在南宁地区一年发生5 ~ 6代，世代重叠
越冬方式	以老熟幼虫在枝梢隧道内越冬
发生规律	越冬代成虫于每年的4月出现，第一代幼虫从5月开始为害，以后世代重叠
生活习性	不详

防治适期 在低龄幼虫期形成卷苞之前和成虫发生盛期进行防治。

防治措施 参照褐带长卷叶蛾的防治方法。

龙眼蚁舟蛾 ......

分类地位 龙眼蚁舟蛾[*Stauropus alternus* (Walker)]属鳞翅目（Lepidoptera）舟蛾科（Notodontidae）。

为害特点　以幼虫咬食新梢嫩叶，食量大，常一并咬食幼叶的叶肉和叶脉（图148）。

形态特征

　　成虫：雄蛾体长20.0～22.0毫米，翅展38.0～46.0毫米；雌蛾体长24.0～32.0毫米，翅展55.0～67.0毫米。触角红褐色，雌虫线状，雄虫基部2/3为羽毛状，其余为线形。前翅灰褐色，外缘较淡，基部有2个棕黑色点。前、后翅外缘线均由一列红褐色、内衬一白边的新月形点组成。雌虫后翅全为褐色；雄虫后翅为灰白色，前半部暗褐色。

图148　龙眼蚁舟蛾幼虫为害状

　　卵：长椭圆形，横径约0.6毫米，纵径约0.9毫米，初产时浅黄色，近孵化时灰褐色。

　　幼虫：低龄为红褐色，状如蚂蚁。三龄黑褐色，四龄体色开始变化，多呈土黄、橙黄、灰白或黑绿，头部黑色。中足特别长，静止时前伸，臀足特化向上举；静止或受惊时则首尾翘起，形似舟（图149）。

　　蛹：椭圆形，黄褐色，近羽化时黑褐色。

图149　龙眼蚁舟蛾幼虫

发生特点

发生代数	一年发生6～7代，世代重叠
越冬方式	无越冬现象
发生规律	幼虫4月开始出现为害嫩叶，盛发期为5～9月
生活习性	初孵幼虫有群集为害习性，成虫夜间活动，白天静伏于树干上

防治适期 在低龄幼虫群集为害时进行防治，能有效控制虫源。

防治措施

（1）**农业防治** 结合中耕除草对果园表土进行适度松翻，以破坏化蛹场所、降低蛹存活率。

（2）**人工防治** 结合修剪、疏花、疏果、抹梢等工作进行人工捕杀。

（3）**药剂防治** 4～6月为幼虫发生高峰期，但此时正是荔枝的开花挂果期，也正是蒂蛀虫、椿象、卷叶蛾和毒蛾等害虫的防治时期，一般情况下已兼治，不需专门喷药。特别情况下需要专门施药防治，可参照双线盗毒蛾用药种类。

桃蛀螟 ···

分类地位 桃蛀螟[*Conogethes punctiferalis* (Guenée)]属鳞翅目（Lepidoptera）螟蛾科（Pyralidae），也称桃蛀野螟、桃蛀心虫、桃斑螟等。

为害特点 以幼虫为害，在花期，咬食花穗小花与粪便混在一起结成虫苞，使其不能结果；在果期，幼虫从果实蒂部蛀入果内，蛀食果肉，并使受害部位充满虫粪，易导致果实腐烂脱落（图150、图151）。

图150 桃蛀螟为害荔枝花穗、果实

图151 桃蛀螟为害龙眼果实

形态特征

成虫：体长12.0毫米，翅展22.0～25.0毫米，体金黄色，头被金黄色鳞片，复眼半球形黑色，触角黄色，腹部背面黄色，第1、3、6节背面各有3个黑斑，第7节背面上有时只有1个黑斑。翅面金黄色，散布有大小不等的黑色斑点，似豹纹。雄虫第8节末端具明显的黑色毛丛，雌性末端圆锥形，无明显黑色毛丛（图152）。

卵：椭圆形，初产时乳白色，后变为黄色，最后为红褐色，表面粗糙有细微圆点。

幼虫：体长约22.0毫米，体色多变，有浅灰、浅褐、暗红及淡灰蓝等色，体背具有紫红色光泽。头暗褐色，前胸背板褐色，臀板灰褐色（图153）。

蛹：长12.0～14.0毫米，初为淡黄绿色，后变为深褐色。头、胸和腹部1～8节背面密布小突起（图154）。

图152 桃蛀螟成虫　　　　图153 桃蛀螟幼虫　　　　图154 桃蛀螟蛹

发生特点

发生代数	我国北方各省份一年发生2～3代，江苏4代，江西、湖北5代
越冬方式	主要以老熟幼虫在被害果、树皮裂缝、乱石缝隙及各种寄主茎秆等处越冬；也有少部分以蛹越冬
发生规律	各代成虫盛发期为：越冬代5～7月，第一代6月下旬至8月上旬，第二代7月底至8月下旬，第三代8月下旬至10月
生活习性	成虫白天停歇在叶背面，傍晚以后活动，对光有强烈的趋性，对糖醋味也有趋性

防治适期 着重抓住越冬代成虫羽化盛期及初孵幼虫期进行防治。

防治措施

（1）**农业防治** ①冬季结合清园，集中烧毁，消灭越冬虫源。②及时捡拾落果，摘除虫果，集中烧毁，消灭果内幼虫。③在果园的周围种植向日葵或玉米等桃蛀螟喜爱的植物，引诱成虫前来产卵，集中消灭。

（2）**物理防治** 根据成虫对光及糖醋味有明显趋性的特点，在其成虫开始羽化时，晚上在果园内或周边用黑光灯或频振式杀虫灯或糖醋液诱集成虫，集中灭杀。

（3）**药剂防治** 防治时必须做好预测预报，在成虫产卵盛期和幼虫孵化期喷药，每隔7～10天喷1次，连喷2～3次。效果较好的药剂有：4.5%高效氯氰菊酯乳油1 500～2 000倍液、2.5%高效氯氟氰菊酯乳油1 500～2 000倍液、2.5%溴氰菊酯乳油1 500～2 000倍液、20%甲氰菊酯乳油1 500～2 000倍液、48%毒死蜱乳油1 000～1 500倍液、1.8%阿维菌素乳油2 000～2 500倍液、2%甲氨基阿维菌素苯甲酸盐乳油2 500～3 000倍液、15%茚虫威悬浮剂3 000倍液、2.5%多杀霉素悬浮剂1 500倍液、20%氯虫苯甲酰胺悬浮剂2 500倍液。

大蓑蛾

分类地位 大蓑蛾（*Clania variegata* Snellen）属鳞翅目（Lepidoptera）蓑蛾科（Psychidae），又称为大窠蓑蛾、大袋蛾、大背袋虫。

为害特点 幼虫在护囊内咬食叶片、嫩梢，造成叶片缺刻和孔洞，也取食枝条和果实表皮。该虫喜集中为害，常造成局部枝条光秃，影响树体生长（图155、图156）。

形态特征

成虫：雌雄异型。雌成虫肥大，蛆形，无翅，体淡黄色或乳白色，头部小，淡赤褐色，胸腹部有绒毛，腹部末节有一褐色圈；足、触角、口器、复眼均不同程度退化。雄成虫体长15.0～19.0毫米，翅展35.0～44.0毫米，体褐色，有淡色纵纹，触角羽状，头胸部覆褐色鳞毛。前翅褐色，有黑色和棕色斑纹，有4～5个透明斑；后翅黑褐色，略带红褐色。

卵：直径0.8～1.0毫米，椭圆形，淡黄色，有光泽。

幼虫：雄幼虫体长18.0～25.0毫米，黄褐色；雌幼虫体长28.0～38.0毫米，棕褐色。头部黑褐色，各缝线白色；胸部褐色有乳白色斑；腹部黑褐色；胸足发达，黑褐色，腹足退化成盘状，趾钩15～24个（图157）。

蛹：雄蛹长18.0～20.4毫米，黑褐色，有光泽；雌蛹长25.0～30.0毫米，红褐色。

护囊：雄虫护囊长50.0～60.0毫米；雌虫护囊长70.0～90.0毫米，囊外有较大的碎片叶。

图155　大蓑蛾幼虫在护囊中取食

图156　叶片被害状

图157　大蓑蛾幼虫

发生特点

发生代数	华南地区一年发生2～3代
越冬方式	以幼虫在枝叶上的护囊内越冬
发生规律	翌年3月中下旬开始化蛹，4月中下旬至5月上旬为成虫盛发期
生活习性	成虫多在下午羽化，雄蛾喜在傍晚或清晨活动，雌蛾翅退化，终身在护囊内生活，羽化翌日即可交配产卵，雌虫产卵后干缩死亡。幼虫多在孵化后先取食卵壳，后爬上枝叶或飘至附近枝叶上，吐丝黏缀碎叶营造护囊并开始取食

防治适期　于幼虫低龄盛期喷药防治。

防治措施

（1）**农业防治**　进行园林管理时，发现虫囊及时摘除，集中烧毁。

（2）**生物防治**　大蓑蛾的天敌有蓑蛾疣姬蜂、松毛虫疣姬蜂、桑蟥疣姬蜂、大腿蜂、小蜂等，可加以保护利用。另外，也可喷洒每升含1亿活孢子的杀螟杆菌或青虫菌等生物制剂进行防治。

（3）**药剂防治**　参照桃蛀螟的防治方法。

茶蓑蛾

分类地位　茶蓑蛾（*Clania minuscula* Butler）属鳞翅目（Lepidoptera）蓑蛾科（Psychidae），又被称为茶袋蛾、小袋蛾、小窠蓑蛾、茶背袋蛾、茶避债虫。

为害特点　幼虫在护囊中咬食叶片、嫩梢或剥食枝干，一至三龄幼虫大多只吃叶肉而留下上表皮，呈半透明黄色薄膜，三龄后则咬成孔洞或缺刻，甚至仅留叶主脉，虫口密度大时，造成枝条光秃。

形态特征

成虫：雌雄异型。雌成虫体长12.0～16.0毫米，体乳白色，蛆状，头小，褐色，足退化，无翅。腹部肥大，体壁薄，能看见腹内卵粒。后胸、第4～7腹节具浅色黄色绒毛，第8腹节以下呈锥状。雄蛾体长11.0～15.0毫米，翅展22.0～30.0毫米，体暗褐色。触角呈双栉状。胸部具2个方形透明斑，胸部、腹部具鳞毛。翅暗褐色，前翅翅脉两侧色略深，外缘中前方有近长方形透明斑2个，后翅暗褐色。

卵：直径约0.7毫米，椭圆形，浅黄色。

幼虫：体长16.0～28.0毫米，体肥大，头黄褐色，两侧有暗褐色斑纹。胸部背板灰黄白色，背侧具2条褐色纵纹，胸节背面两侧各具1个浅褐色斑。腹部棕黄色，各节背面均具4个黑色小突起，呈"八"字形。胸足发达，暗褐色，腹足退化呈盘状。

蛹：雌蛹纺锤形，长14.0～18.0毫米，深褐色，无翅芽和触角，腹末具短棘2枚。雄蛹深褐色，长13.0毫米左右，翅芽达第3腹节后缘，臀棘末端具2短刺。

护囊：纺锤形，深褐色，丝质，外缀叶屑或碎皮，形成纵向排列的小枝梗，长短不一（图158）。

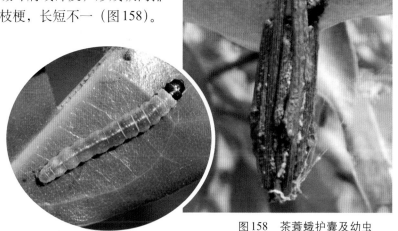

图158 茶蓑蛾护囊及幼虫

发生特点

发生代数	在广东一年发生2～3代
越冬方式	以三至四龄幼虫躲在悬挂于枝条上的护囊内越冬
发生规律	翌年春暖后开始取食为害。第一代幼虫为害期在5月下旬至8月上旬，第二代幼虫为害期为9月至翌年5月
生活习性	初孵幼虫活跃，孵化后先取食卵壳，后爬上枝叶或飘至附近枝叶上，吐丝黏缀碎叶营造护囊并开始取食。偏好在清晨、傍晚和阴天取食，晴天中午很少取食，常隐蔽在叶背面和茶丛间。成虫有强烈趋光性

防治适期 于幼虫低龄盛期喷药防治。

防治措施 参照大蓑蛾的防治措施。

白囊蓑蛾 ⋯⋯⋯⋯⋯⋯⋯⋯⋯⋯⋯⋯⋯⋯⋯⋯⋯⋯⋯⋯

分类地位 白囊蓑蛾（*Chalioides kondonis* Matsumura）属于鳞翅目（Lepidop-tera）蓑蛾科（Psychidae）。

为害特点 幼虫蚕食果树叶片，零星发生（为害状与大蓑蛾相似）（图159）。

形态特征

成虫： 雌雄异型。雄蛾体长 8.0 ～ 10.0 毫米，翅展 18.0 ～ 24.0 毫米。体浅褐色，头部和腹部末端黑色，体密布白色长毛，有白色鳞片；触角栉形；前、后翅均白色透明，前翅前缘及翅基淡褐色，前、后翅脉纹淡褐色，后翅基部有白毛。雌蛾体长约 9.0 毫米，黄白色，蛆状，无翅。

卵： 椭圆形，长约 0.4 毫米，黄白色。

幼虫： 老熟时体长约 30.0 毫米。头部褐色，有黑色点纹。背板浅棕色，被白色中线分为两半，每块上都有深色点纹。腹部黄白色，每一体节上均有深褐色点纹，规则排列。

蛹： 雌雄蛹异型，雌蛹蛆状。雄蛹为被蛹，长 16.0 ～ 20.0 毫米，具有翅芽，赤褐色。

护囊： 长圆锥形，长约 30.0 毫米，灰白色，表面光滑，质地细密坚韧，无叶片和枝梗（图 160）。

图 159　白囊蓑蛾幼虫在护囊中取食

图 160　白囊蓑蛾护囊

发生特点

发生代数	一年发生 1 代
越冬方式	以低龄幼虫在护囊中越冬
发生规律	越冬幼虫第二年 3 月间开始活动，5 ～ 6 月为幼虫为害盛期，6 ～ 7 月化蛹，7 月始见成虫
生活习性	初孵幼虫爬行速度极快，有利于找到新寄主。成虫有强烈趋光性

防治适期
于幼虫低龄盛期喷药防治。

防治措施

（1）**人工防治**　结合田间管理，发现虫囊及时摘除，集中烧毁。

（2）**化学防治**　在低龄幼虫盛期，用25%广克威或20%灭多威乳油1 500倍液，或5%S-氰戊菊酯乳油2 500倍液均匀喷雾。于幼虫低龄盛期喷洒90%敌百虫晶体800～1 000倍液或80%敌敌畏乳油1 200倍液、50%杀螟硫磷乳油1 000倍液、50%辛硫磷乳油1 500倍液、90%杀螟可湿性粉剂1 200倍液、2.5%溴氰菊酯乳油4 000倍液。

（3）**生物防治**　注意保护寄生蜂等天敌昆虫。提倡喷洒杀螟丹杆菌或青虫菌进行生物防治。

蜡彩袋蛾

分类地位　蜡彩袋蛾（*Chalin larminati* Hevlaerts）属鳞翅目（Lepidoptera）蓑蛾科（Psychidae）。

为害特点　以幼虫藏在护囊中取食，常在叶片背面为害，低龄幼虫取食叶片下表皮，将叶片取食成网状，高龄幼虫可造成叶片缺刻（图161）。

形态特征

图161　蜡彩袋蛾的幼虫在护囊内为害

成虫：雌雄异型。雌成虫体长13.0～20.0毫米，宽2.0～3.0毫米，乳白色至黄白色，长筒形，头、胸部向一侧弯曲。雄成虫体长6.0～8.0毫米，翅展18.0～20.0毫米，头、胸部灰黑色，腹部银灰色。前翅基部灰白色，其余部位灰黑色；后翅白色，边缘灰褐色（图162）。

卵：椭圆形，长0.6～0.7毫米，米黄色。

幼虫：老熟时体长16.0～25.0毫米，头、胸部背面黑色，后胸背面两侧有一黑斑，第8～10腹节背面灰黑色，背线黑色，其余部位灰白色（图163）。

蛹：雄蛹体长9.0～10.0毫米，圆柱形，黑褐色，腹部第4～8节背面前缘和第6、7节后缘各有小刺1列。雌蛹长15.0～23.0毫米，长筒形，全体光滑，头、胸部和腹末背面均呈黑褐色，其余黄褐色（图164）。

　　护囊：长锥形，长20.0～51.0毫米，丝质，褐色，囊外无碎叶、枝梗（图161）。

图162　蜡彩袋蛾成虫　　　　图163　蜡彩袋蛾幼虫　　　　图164　蜡彩袋蛾蛹

发生特点

发生代数	在福建北部一年发生1代
越冬方式	以老熟幼虫越冬
发生规律	成虫于4月中下旬羽化，5月中下旬幼虫开始为害，6～7月为害最严重
生活习性	成虫具趋光性

防治适期　于幼虫低龄盛期喷药防治。

防治措施　参照大蓑蛾的防治措施。

银星黄钩蛾 ·····························

分类地位　银星黄钩蛾（*Tridrepana arikana* Matsumura）属鳞翅目（Lepidoptera）钩蛾科（Drepanidae）。又称弯黑黄钩蛾。

为害特点 以幼虫取食叶片，低龄幼虫取食叶片表面叶肉，高龄幼虫可将叶片全部吃光，仅剩主脉（图165）。

图165 银星黄钩蛾为害状

形态特征

成虫：翅展24.0～28.0毫米。触角栉齿状，雄蛾栉齿较长。翅面黄色，前翅顶角钩状，顶角的外缘弯钩内镶黑褐色边，内有黑斑2～3枚，中室附近有3枚褐色斑点，位于下方的斑点最大，中间有1枚银白色的小斑，后翅中室端有1枚镶褐边的银白色斑，翅面有不连续的波状的横带（图166）。

卵：椭圆形，细小，初产时白色，后渐转为紫红色（图167）。

幼虫：低龄幼虫深褐色，表面粗糙，常将身体向后蜷缩，呈鸟粪状；老熟幼虫体灰白色，头部较大，褐色，上有两角，背部有4对钩状突起，尾端有一钩状突起（图168）。

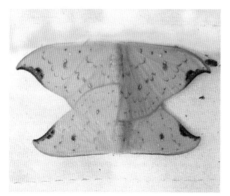

图166 银星黄钩蛾成虫　　　图167 银星黄钩蛾卵　　图168 银星黄钩蛾幼虫

蛹：背面淡绿色，有光泽。头部有一乳白色至浅绿色角状突起，末端呈棕褐色。背面翡翠绿色，中间有一"蝼蛄"样突起，腹面浅黄色，末端尖锐呈三角状。

发生特点

发生代数	不详
越冬方式	不详
发生规律	不详
生活习性	幼虫似鸟粪，可避免被鸟啄食，受到惊扰时，以腹部末端刮叶面，并用上颚快速敲击叶面制造尖锐响声

防治适期 在幼虫低龄发生盛期进行防治。

防治措施 参照粗胫翠尺蛾防治措施。

荔枝干皮巢蛾 ·······

分类地位 荔枝干皮巢蛾（*Comoritis albicapilla* Moriuti）属鳞翅目（Lepidoptera）巢蛾科（Yponomeutidae）。又名荔枝巢蛾。

为害特点 幼虫在树干或较大枝条表皮下取食为害，致使树皮松弛、龟裂，严重者树表皮 25%～50% 面积会被啃光，影响树体营养输送，造成根系发育不良、落叶、枯枝增加、树体衰退（图169）。

图169 荔枝干皮巢蛾为害荔枝和龙眼树干

形态特征

成虫：雌虫体长10.0 ~ 12.0毫米，翅展24.0 ~ 27.0毫米，全体灰白色，覆盖白色鳞粉，头披鳞毛白色，触角丝状。前翅白色，基部有6个不规则的黑色鳞斑，中部有2个深黑色鳞斑。后翅全白色，外缘淡黑色，缘毛白色。雄虫体长6.0 ~ 8.0毫米，翅展17.0 ~ 23.0毫米，触角羽状，前翅面黑色（图170）。

卵：纵径0.4 ~ 0.6毫米，横径0.2 ~ 0.3毫米，红枣状，卵壳表面有网状花纹，卵孔突出明显。初产时黄白色，近孵化时淡蓝色。

幼虫：老熟幼虫体长15.0 ~ 20.0毫米，宽1.5 ~ 2.0毫米，体扁平，黄褐色，体表光滑少毛，体壁蜡质层较厚。腹足退化，3对胸足发达（图171）。

蛹：雌蛹长8.1 ~ 8.8毫米，宽2.8 ~ 3.1毫米；雄蛹长6.4 ~ 7.0毫米，宽2.0 ~ 2.3毫米，扁梭形，黄褐色。雌、雄蛹末端有明显区别。将羽化时翅背呈灰褐色并可透见斑纹。头前方不突出，中缝线从前胸前缘伸至小盾片后缘。腹端无棘（图172）。

茧：船形，由树皮碎屑、粪粒等物与吐出的丝交织缀合而成。

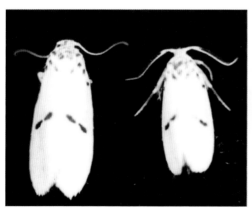

图170　荔枝干皮巢蛾成虫（左为雌成虫；右为雄成虫）

图171　荔枝干皮巢蛾幼虫

图172　荔枝干皮巢蛾蛹

发生特点

发生代数	在广西和广东一年发生1代
越冬方式	以高龄幼虫在寄主树皮越冬
发生规律	每年的3月下旬至5月初陆续化蛹，4月中旬为化蛹的盛期，成虫出现于每年的5月中下旬至6月下旬，为害高峰期为9～11月，此时正是幼虫的四至六龄期，为幼虫的暴食期，12月幼虫进入高龄期，以老熟幼虫越冬
生活习性	成虫多于白天上午羽化，当晚可行交尾，次日夜间产卵，成虫不活跃，多停留在寄主的枝干上

防治适期 在越冬代成虫羽化高峰期及幼虫低龄发生盛期进行防治。

防治措施

（1）**农业防治** ①间伐或修剪，改善果园通风透光条件，降低湿度，可有效抑制荔枝干皮巢蛾发生和为害。②于4～5月间用石灰浆涂刷树干和较粗大枝干，可防止成虫产卵。③在幼虫发生初期，可用竹扫帚或钢刷扫刷树干上"网道"，以杀死幼虫。

（2）**生物防治** 可用斯氏线虫A24品系，配制成每毫升1 000～2 000条的溶液，对树干进行喷雾。

（3）**药剂防治** 在7～9月期间，用刀片或竹签把遮盖幼虫的碎物刮去，使幼虫暴露，然后用48%毒死蜱乳油1 000倍液喷雾，或将48%毒死蜱乳油用柴油稀释100～200倍后直接喷树干的受害部位。

咖啡豹蠹蛾

分类地位 咖啡豹蠹蛾（*Zeuzera coffeae* Nietner）属鳞翅目 (Lepidoptera) 木蠹蛾科 (Cossidae)，又称为豹纹木蠹蛾、咖啡黑点蠹蛾、咖啡木蠹蛾等。

为害特点 幼虫蛀食枝干木质部，隔一定距离向外咬一排粪孔，多沿髓部向上蛀食，造成折枝或枯萎。有转枝为害习性，多从直径1厘米左右的枝干蛀入。每只幼虫可蛀害3～5条枝干（图173）。

形态特征

成虫：中小型蛾类，体灰白色。雄虫体长14.0～21.0毫米，翅展30.0～34.0毫米；雌虫体长18.0～25.0毫米，翅展28.0～45.0毫米。头

图173　咖啡豹蠹蛾为害状

部小，复眼大，黑色。触角黑褐色，雄虫的基半部双栉状；雌虫触角丝状。体被白色长绒毛，胸部背面有3对青蓝色圆点，腹部灰白色，第8节背面青蓝色。翅灰白色，翅脉间密布大小不等的青蓝色斑纹，前翅斑纹较后翅明显；后缘及脉端的斑纹明显（图174）。

卵：椭圆形，初产时淡黄白色，以后颜色略有加深（图175）。

幼虫：老熟幼虫体长30.0 ~ 40.0毫米，头宽3.0 ~ 4.0毫米，初孵为紫红色，渐变为暗紫红色。单眼区有一深褐色小斑。前胸背板黄褐色，硬化，略呈梯形，前缘有4个小缺刻，背面中央有一浅细纵线，两侧具4个黑斑（图176）。

蛹：长19.0 ~ 25.0毫米，长圆筒形，褐红色，头部顶端有一形似鸟喙的突起（图177）。

图174　咖啡豹蠹蛾成虫　　图175　咖啡豹蠹蛾卵　　图176　咖啡豹蠹蛾幼虫　　图177　咖啡豹蠹蛾蛹

发生特点

发生代数	一年发生1代
越冬方式	以幼虫在蛀道内越冬
发生规律	翌年3月初继续蛀害,4月下旬以后幼虫陆续老熟,5月初始见化蛹,5月下旬至6月初大量化蛹,6月下旬为成虫羽化盛期。6月上旬便可见到初孵幼虫
生活习性	初孵幼虫有群集取食卵壳的习性,3～5天后渐渐分散。成虫白天静伏,夜间活动,趋光性极弱。雄蛾飞行力较强

防治适期 在越冬代成虫羽化高峰期及初孵幼虫群集取食期进行防治。

防治措施

（1）**农业防治** 及时剪除受害枝,集中烧毁或深埋,经1～2年可控制其为害。

（2）**物理防治** 成虫发生期设黑光灯诱杀;用细铁丝从蛀孔或排粪孔插入向上反复穿刺,可将幼虫刺死。

（3）**药剂防治** ①在成虫盛发期结合防治其他害虫,可喷施2.5%高效氯氟氰菊酯乳油1 500～2 000倍液、4.5%高效氯氰菊酯乳油1 500～2 000倍液、48%毒死蜱乳油1 000～1 500倍液。②幼虫初蛀入韧皮部或边材表层时,用48%毒死蜱乳油或4.5%高效氯氰菊酯乳油的柴油稀释液(30倍液)涂虫孔。

荔枝拟木蠹蛾

分类地位 荔枝拟木蠹蛾（*Arbela dea* Swinhoe）属鳞翅目(Lepidoptera)拟木蠹蛾科(Metarbelidae)。

为害特点 幼虫钻蛀荔枝的枝干,形成坑道,在枝干的表面以虫丝缀连虫粪、枝干碎屑形成1条隧道。植株被害后,树势减弱,枝条稀疏,叶片减少,幼龄树被害严重时会导致整株死亡(图178)。

形态特征

成虫：体长10.0～14.0毫米,翅展20.0～37.0毫米。体灰白色,胸部及腹部密被深褐色长鳞片,腹部末端鳞片长4.0～5.0毫米。额和触角

基部密被灰白色鳞片，触角羽状，棕褐色。前翅灰白色，密布灰褐色横向斑纹；中室及臀区中部均有1个黑斑；前缘有灰棕色斑纹8～9个；外缘具灰棕色毛，呈方形斑块；后翅近三角形，灰白色。雄蛾前翅黑褐色，中部色较淡，有许多黑褐色横向波纹；中室中部

图178 荔枝拟木蠹蛾的为害状

有1个黑斑；后翅黑褐色（图179）。

卵：椭圆形，乳白色，表面光滑，略有光泽。卵块呈鱼鳞状排列，覆盖黑色胶状物。

幼虫：老熟时长26.0～34.0毫米，黑褐色。体壁大部分骨化，头具很多隆起的皱纹及刻点；腹部深褐色，第1～8节后缘膜质部灰白色（图180）。

蛹：深褐色，长14.0～17.0毫米。头部黑褐色，有很多小突起，头顶有1对略呈分叉的粗大突起（图181）。

图179 荔枝拟木蠹蛾成虫　　图180 荔枝拟木蠹蛾幼虫　　图181 荔枝拟木蠹蛾蛹

发生特点

发生代数	一年发生1代
越冬方式	以老熟幼虫在坑道中越冬
发生规律	翌年4月上旬至5月上旬幼虫陆续化蛹，成虫于4月中旬至6月中旬相继出现
生活习性	初孵幼虫聚集在树干表面，幼虫经2～4小时扩散。成虫趋光性较弱

防治适期 在越冬代成虫羽化高峰期及初孵幼虫群集期进行防治。

防治措施

（1）**农业防治** 清除果园内杂草、杂木藤刺等，剪除荫蔽的内膛枝和虫害枝；加强果园肥水管理，促使果园通风、透气、透光，改善果园环境条件，抑制荔枝拟木蠹蛾的发生。

（2）**物理防治** 5～6月是幼虫盛期，经常检查果园，用竹签或木签堵塞坑道，使幼虫或蛹窒息，也可用钢丝刺杀幼虫；用小刀沿隧道清除幼虫或将铁丝插入隧道钩杀。

（3）**生物防治** 荔枝拟木蠹蛾的天敌有黑蚂蚁（*Camponotus* sp.）；也可用"海绵吸附法"或注射法往坑道释放昆虫病原线虫A24（*Steinernema carpocapsae* A24）2 000～4 000条。

（4）**药剂防治** ①用敌敌畏、喹硫磷、毒死蜱等杀虫剂混泥或用脱脂棉蘸上述药剂堵塞坑道口，熏死幼虫。②于6～7月用上述杀虫剂喷洒于丝质隧道口附近的树干上，触杀幼虫。③在7月幼虫蛀食道尚浅时用80%的敌敌畏乳油或4.5%高效氯氰菊酯乳油200～300倍液喷洒树干毒杀幼虫。④清除皮屑、虫粪后，往虫害坑道口灌注80%的敌敌畏乳油或4.5%高效氯氰菊酯乳油30倍柴油稀释液以熏杀蛀道内幼虫。

茶鹿蛾

分类地位 茶鹿蛾（*Amata germana* Felder）属鳞翅目（Lepidoptera）鹿蛾科（Ctenuchidae），又称为蕾鹿蛾。

为害特点 幼虫取食叶片，常造成缺刻。

形态特征

成虫：体长12.0～15.0毫米，雌蛾翅展30.0～40.0毫米；雄蛾翅展26.0～35.0毫米。体黑褐色。头黑色，额橙黄色，触角丝状，黑色，顶端白色。颈板、翅基片黑褐色，中、后胸各有1个橙黄色斑，腹部各节具有黑黄相间带。翅黑色，前翅基部通常具黄色鳞片，翅面具多个大小不一的透明斑。胸足第一跗节灰白色，其余部分黑色（图182）。

卵：椭圆形，初产时乳白色，孵化前转变为褐色，表面有放射状不规则斑纹（图182）。

幼虫：老熟幼虫体长22.0～29.0毫米，头宽约2.2毫米。体黑褐色，密布黑色短毛，头橙红色，披长白细毛，颅中沟两侧各有1块长形黑斑。胸部各节有4对毛瘤，腹部第1、2、7腹节各有7对毛瘤，第3～6腹节各有6对毛瘤。腹足橙红色（图183）。

蛹：纺锤形，长12.0～17.0毫米，宽3.6～5.0毫米，初呈黄褐色，后转为暗褐色。下唇须基部，前、中足及翅上各有小黑斑。腹部有2～3块黑斑（图184）。

图182　正在产卵的茶鹿蛾成虫

图183　茶鹿蛾幼虫

图184　茶鹿蛾蛹

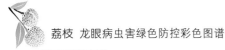

发生特点

发生代数	一年发生2～3代
越冬方式	以老熟幼虫越冬
发生规律	第一代幼虫5月下旬孵出，7月中旬化蛹，8月上旬成虫羽化；第二代幼虫8月中旬孵出，9月下旬开始化蛹，10月上旬成虫羽化；第三代幼虫10月中旬孵出，11月中旬进入越冬状态
生活习性	初孵幼虫群集取食，二龄后开始分散为害。成虫白天活动频繁，无趋光性

防治适期 成虫盛发期及初孵幼虫群集取食期进行防治。

防治措施

（1）**生物防治** 5～6月在林间施放白僵菌粉炮，每公顷放32个。

（2）**药剂防治** 可用90%敌百虫晶体2 000倍液、80%敌敌畏乳剂2 000倍液、40%辛硫磷乳油1 500倍液、2.5%溴氰菊酯5 000倍液，喷雾毒杀五龄以前的幼虫，效果较好。

伊贝鹿蛾

分类地位 伊贝鹿蛾（*Syntomoides imaon*）属鳞翅目（Lepidoptera）鹿蛾科（Ctenuchidae）。

为害特点 幼虫取食叶片，造成缺刻。

形态特征

成虫：翅展约35.0毫米。额区黄色，体背黑色有蓝色光泽，腹部有2条黄色环带。触角末端及跗节白色。前翅有较大的透明斑块。雄虫的腹部较细长，雌虫体型大且腹部较粗壮（图185）。

卵：卵圆球形，呈透明闪亮的珍珠色，色彩不随卵的发育而改变。

图185 伊贝鹿蛾成虫

幼虫：初龄幼虫5.0 ～ 7.0毫米，呈乳白色。从三龄开始逐渐转为黑色，头部有白色斑纹。五龄幼虫体长可达30.0毫米，覆盖有黑色刚毛。

蛹：长24.0毫米，宽13.0毫米。腹部背面有适当密集的刻点。蛹期一般11天，前7天蛹为乳白色，随后逐渐变为红色。

发生特点

发生代数	不详
越冬方式	不详
发生规律	不详
生活习性	成虫白天出现，一般活动力弱，飞行缓慢。白天会停栖叶面、墙角或于花丛赏花吸蜜，少数具趋光性，活动迟缓容易观察到

防治适期　成虫盛发期及初孵幼虫期进行防治。

防治措施　参考茶鹿蛾的防治方法。

荔枝小灰蝶 ·····································

分类地位　荔枝小灰蝶（*Deudorix epijarbas* Moore）属鳞翅目（Lepidoptera）灰蝶科（Lycaenidae）。

为害特点　以幼虫蛀食果核，每头幼虫一生可蛀害2 ～ 3个果实，夜间转果为害。蛀孔口多朝向地面，孔口较大，近圆形，除一龄幼虫为害时在孔口有少许虫粪外，一般果核蛀道和孔口无虫粪，被害果常不脱落（图186）。

形态特征

成虫：雌雄异型。雄蝶体长14.0 ～ 16.0毫米，翅展36.0 ～ 41.0毫米；前翅正面橙红色，前缘和外

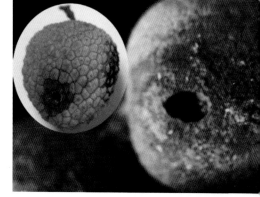

图186　荔枝小灰蝶蛀食荔枝、龙眼

缘连有黑褐色宽带；后翅基部和前缘黑褐色，其余为橙红色。雌蝶体长12.0～17.0毫米，翅展29.0～42.0毫米，前、后翅正面均呈黑褐色。雌、雄蝶翅反面均为灰褐色。（图187）。

图187　荔枝小灰蝶成虫〔左为雌成虫；右为雄成虫〕

卵：长0.55毫米，宽0.8毫米，近球形，底平，顶部中央微凹，表面具多角形的刻纹。

幼虫：老熟幼虫长16.0～20.0毫米，体粗短，扁圆筒形，紫灰黄色，背面色较深，后胸和腹部第1、2、6节灰黑色；头小，常缩入胸部，取食时伸出；后端斜截，胸、腹足短且隐蔽（图188）。

蛹：长13.0～16.0毫米，呈粗短的圆筒形；头顶有1列粗毛；背面紫黑色，密布黑褐色斑，腹面淡黄色（图189）。

图188　荔枝小灰蝶幼虫　　　　图189　荔枝小灰蝶蛹

发生特点

发生代数	华南地区年发生3～4代
越冬方式	以幼虫在树干表皮裂缝或洞穴内越冬
发生规律	第一代幼虫于5月中下旬至6月上旬为害荔枝果实，第二代、第三代成虫在龙眼果蒂基部产卵，为害程度较重，盛发于6～7月
生活习性	幼虫蛀食果核常用臀板顶住蛀孔，有夜间转果为害习性

防治适期 在初孵幼虫期进行防治，能有效防止其发生。

防治措施

（1）**农业防治** 加强肥水管理，增强树势，提高树体抵抗力，提高通风性和透光性，保持果园适当的温度，结合修剪，清理果园，清除地面落果减少虫源。冬春季将树干涂白，以杀死部分越冬虫蛹。检查幼果，及时摘除虫果。

（2）**药剂防治** 荔枝早熟品种第二次生理落果高峰后和龙眼幼果果肉（假种皮）开始形成至果肉包满果核前酌情喷药1～2次。在羽化前喷树干裂缝处，羽化始盛期后均匀喷树冠。可选用4.5%高效氯氰菊酯乳油1 000～1 500倍液，2.5%高效氯氟氰菊酯乳油1 000～1 500倍液，52.25%氯氰·毒死蜱乳油1 000～1 500倍液，50克/升顺式氯氰菊酯乳油1 000～1 500倍液，40%毒死蜱乳油800～1 000倍液等。

（3）**生物防治** 保护利用天敌，避免使用广谱性药剂。

燕灰蝶

分类地位 燕灰蝶[*Rapala varuna* (Horsfield)]属鳞翅目（Lepidoptera）灰蝶科（Lycaenidae）。又名枇杷蕾蝶、龙眼灰蝶。

为害特点 以幼虫取食龙眼的花穗及果实，常常造成花穗、花蕾脱落及幼果不实。

形态特征

　　成虫：雄虫体长约12.0毫米，翅展约29.0毫米，雌虫体长约13.0毫米，翅展约32.0毫米，翅面紫褐色至灰蓝色，有蓝紫色耀斑，后翅臀角呈叶状并且镶有橙色边的黑斑，翅反面灰褐色，中横线外侧白色，尾突细长。前后翅外缘有橙红色带，内侧有黑色圆斑（图190）。

卵：扁圆形，单个散生。

幼虫：老熟幼虫体长约20.0毫米，扁圆且粗短，呈淡黄绿色，第1腹节、最后两腹节及背中线颜色较暗，亚背线瘤突淡黄褐色，刺毛暗褐色。体侧瘤突较长，灰白色，上附有短的刺毛（图191）。

蛹：长约11.0毫米，纺锤形，黑褐色，体被黑色斑点（图192）。

图190　燕灰蝶成虫

图191　燕灰蝶幼虫

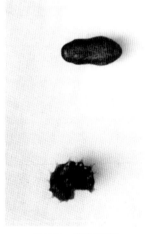

图192　燕灰蝶蛹

发生特点

发生代数	福州一年发生3～4代
越冬方式	以蛹在树干裂缝中越冬
发生规律	3月中下旬第一代幼虫开始为害，5～6月间发生的第二代幼虫蛀食龙眼花穗及幼果，10～12月第三代、第四代的幼虫发生量大，为害最重
生活习性	不详

防治适期　在初孵幼虫期进行防治，能有效防止其发生为害。

防治措施　参照荔枝小灰蝶防治措施。

荔枝蝽 ·····

分类地位 荔枝蝽（*Tessaratoma papillos*）属半翅目（Hemiptera）蝽科（Pentatomidae）。又名荔蝽、荔枝椿象，俗称臭屁虫。

为害特点 成虫、若虫均刺吸嫩枝、花穗、幼果的汁液，导致花穗萎缩、果皮焦黑、落花落果、枝叶生长缓慢，甚至枯死。

荔枝蝽

形态特征

　　成虫：体长24.0～28.0毫米，宽15.0～17.0毫米，盾形，黄褐色，腹面附有白色蜡粉。雌虫体型一般较雄虫略大，腹部末节腹面中央开裂，雄虫腹部背面末节有一内凹的交尾结构，可用来辨别性别。臭腺开口于胸部腹面中足基部侧后方（图193）。

　　卵：圆形，初产为淡绿色，随着胚胎的发育逐渐变成灰褐色。卵粒常14枚排列成块，偏好产卵于叶片背面，偶尔产于花穗及主干上（图194）。

图193　荔枝蝽成虫

图194　荔枝蝽卵

若虫：共5龄。一龄时体形椭圆，体色由初孵时的血红色渐变成深蓝色，复眼深红色；二龄开始体形变成长方形，橙红色，外缘灰黑色；三龄若虫体长11.0毫米左右，胸部背面隐约可见翅芽；四龄若虫体长14.0～16.0毫米，中胸背侧翅芽明显；五龄若虫体长18.0～20.0毫米，体色较前4龄略浅，翅芽更长，羽化前体被蜡粉（图195）。

图195 荔枝蝽若虫
（左为荔枝蝽初孵若虫；中为荔枝蝽一龄若虫；右为荔枝蝽二龄若虫）

发生特点

发生代数	一年发生1代
越冬方式	以成虫聚集于寄主的避风、向阳和较稠密的树冠东南面叶丛背风面，或树洞、石隙，甚至屋檐下等隐蔽场所越冬
发生规律	翌年2～3月出蛰活动，成虫4月、5月进入产卵盛期。5～6月为若虫盛发期，7月开始陆续羽化为成虫
生活习性	初孵时有群集性，数小时后分散取食，有假死性，耐饥力强。羽化前2～3天活动能力较弱，但羽化后一天就能飞翔取食

防治适期 3月春暖时越冬成虫开始活动交尾，此时成虫体内脂肪较少，自然抗药性下降，而4～5月是低龄若虫的发生盛期，这两个时期都是防治荔枝蝽的最佳时期。

防治措施

（1）**农业防治**　①清除果园及其周边的杂草并集中烧毁；抹除树干上的干翘树皮，填塞树缝、树洞。②结合疏花疏果，摘除卵块或若虫团并销毁；或利用荔枝蝽成虫的假死性，在越冬成虫产卵前期气温较低时，早晚突然摇树捕杀坠落的成虫。

（2）**生物防治**　释放寄生天敌平腹小蜂。在荔枝蝽产卵初期，把预计1～2天后羽化的平腹小蜂卵卡挂在树冠下层的枝条上。十年生以上的大树每株放1 000头，十年生以下的树每株放600头，分两批释放，小树可隔株放蜂。

（3）**药剂防治**　可用选用90%敌百虫晶体800倍液或4.5%高效氯氰菊酯乳油1 000～1 500倍液、2.5%高效氯氟氰菊酯乳油1 000～1 500倍液、2.5%溴氰菊酯乳油1 000～1 500倍液、20%甲氰菊酯乳油1 000～1 500倍液、25%噻虫嗪水分散粒剂3 000～3 500倍液等，喷施1～2次。

稻绿蝽

分类地位　稻绿蝽[*Nezara viridula*（Linnaeus）]属半翅目（Hemiptera）蝽科（Pentatomidae），又称稻青蝽、绿蝽、青椿象、灰斑绿椿象。

为害特点　成虫、若虫吸食叶、嫩梢汁液，致使嫩梢萎蔫，影响树体生长。

形态特征

成虫：成虫体色主要有3种表现型，全绿型、点斑型、黄肩型。其中全绿型体长12.0～16.0毫米，宽6.0～8.5毫米，长椭圆形，青绿色（越冬成虫暗赤褐色），腹下颜色较淡。头近三角形，触角5节，基节黄绿色，第3、4、5节末端棕褐色，复眼黑色。前胸背板边缘黄白色，侧角圆，稍突出，小盾片长三角形，基部有3个横向排列的小白点，末端超过腹部中央。前翅稍长于腹末，膜质翅颜色略深。足绿色（图196）。

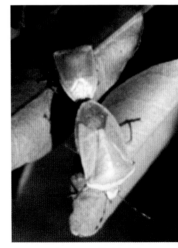

图196　稻绿蝽成虫

卵：杯形，长1.2毫米，宽0.8毫米，卵块呈六边形，整齐排列。初产时为黄白色，后转为红褐色，顶端有卵盖，周缘白色。

若虫：若虫共5龄。一龄若虫体长1.1～1.4毫米，浅橙红色，腹背中央有3块排成三角形的黑斑，后期黄褐色，胸部有一橙黄色圆斑，第2腹节有一长形白斑，第5、6腹节近中央两侧各有4个黄色斑，排成梯形。二龄若虫体长2.0～2.2毫米，黑色，前、中胸背板两侧各有一黄斑。三龄若虫体长4.0～4.2毫米，黑色，第1、2腹节背面有4个长形的横向白斑，第3腹节至末节背板两侧各具6个，中央两侧各具4个对称的白斑。四龄若虫体长5.2～7.0毫米，头部有倒T形黑斑，翅芽明显。五龄若虫体长7.5～12.0毫米，以绿色为主，触角4节，单眼出现，翅芽伸达第3腹节，前胸与翅芽散生黑色斑点，外缘橙红色，腹部具红斑，足赤褐色。

发生特点

发生代数	北方一年发生1代，四川、江西3代，广东4～5代
越冬方式	以成虫在草丛、土缝及林木茂密处越冬
发生规律	翌春4～5月出蛰活动，6月开始交配产卵，10月陆续在田间土缝和枯枝落叶下越冬
生活习性	初孵若虫群集于卵壳上，不食不动，二龄开始取食，群集为害，三龄开始分散为害，具有假死性。成虫具趋光性和趋绿性

防治适期 根据初孵若虫群集为害的特性，二、三龄若虫取食量少且抗药力弱，故以初孵若虫至三龄若虫发生盛期为最佳防治时期。

防治措施 参照荔枝蝽防治方法。

麻皮蝽 ·······

分类地位 麻皮蝽[*Erthesina fullo* (Thunberg)]属半翅目（Hemiptera）蝽科（Pentatomidae），又称黄斑蝽、麻椿象、麻纹蝽、臭屁虫、臭大姐等。

为害特点 成虫、若虫刺吸枝干、茎、叶及果实汁液，枝干出现干枯枝条；茎、叶受害出现黄褐色斑点，严重时叶片提前脱落；果实被害后形成畸形果（图197）。

图197 麻皮蝽为害荔枝和龙眼果实

形态特征

　　成虫：体长20.0 ~ 25.0毫米，宽10.0 ~ 11.5毫米。体背黑褐色，散布不规则的黄色斑纹。头部狭长。触角5节，黑色，第5节基部1/3为浅黄色。前胸背板前缘及前侧缘具黄色窄边。胸部腹板黄白色，密布黑色刻点。腹侧边缘各节中间具小黄斑，腹面黄白，节间黑色，气门黑色，腹面中央具一纵沟，长达第5腹节。（图198）。

　　卵：卵近圆柱形，高约2.1毫米，宽约1.7毫米，初产淡绿色，孵化前灰褐色；顶端有盖，周缘具刺毛，卵盖周缘有箍形突（图199）。

图198 麻皮蝽成虫　　　　图199 麻皮蝽卵及若虫

若虫：各龄均呈扁洋梨形。老龄若虫体长约19.0毫米，似成虫，自头端至小盾片具一细的黄红色中纵线。喙黑褐色。体侧缘具淡黄狭边。腹部3～6节的节间中央各具1块黑褐色隆起斑，斑块周缘淡黄色，上具橙黄色或红色臭腺孔各1对。腹侧缘各节有一黑褐色斑（图199）。

发生特点

发生代数	在河北、山西等地一年发生1代，在江西、广东等地一年发生2代
越冬方式	成虫在枯枝落叶、村舍墙壁缝隙以及禽舍等处越冬
发生规律	翌年3月底、4月初出蛰活动，5月上旬至6月下旬交尾产卵。一代若虫5月下旬至7月上旬孵出，6月下旬至8月中旬羽化为成虫。二代卵期在7月上旬至9月上旬，8～10月下旬羽化为成虫
生活习性	初孵若虫具有群集性，成虫飞行能力强，具有趋光性

防治适期 以初孵若虫至三龄若虫发生盛期为最佳防治时期。

防治措施 参照荔枝蝽防治方法。

异稻缘蝽 ···

分类地位 异稻缘蝽[*Leptocorisa acuta* (Thunberg)]属半翅目（Hemiptera）缘蝽科（Coreidae），又名稻蛛缘蝽、稻穗缘蝽。

为害特点 该虫主要为害禾本科植物，近些年荔枝上也发现有该虫为害，主要以成虫、若虫吸食叶片汁液，造成叶片提前脱落，影响光合作用。

形态特征

成虫：体长16.0～19.0毫米，宽2.3～3.2毫米，头部、前胸背板、小盾片及腹部草绿色。复眼红褐色。头顶中央有一短纵凹。触角第一节端部黑褐色且略膨大，末节为黄褐色。喙伸达中足基节间，末端棕黑色。前胸背板长，刻点密且显著。前翅革质部前缘绿色，其余茶褐色，膜质部深褐色。各足绿色细长，腿节端部具明显的黄褐色（图200）。

卵：长1.2毫米左右，宽约0.9毫米。椭圆形，面平底圆，表面光滑黄褐色至棕褐色。

　　若虫：共5龄。五龄若虫体长约14.6毫米。触角长11.5毫米。翅芽发达，盖过第3腹节的2/3。

图200　异稻缘蝽成虫

发生代数	一年发生4代左右，世代重叠
越冬方式	以成虫在田间或地边杂草丛中或灌木丛中越冬
发生规律	越冬成虫3月中下旬开始出现，4月上中旬产卵，6月中旬二代成虫出现为害蔬和水稻，7月中旬进入第三代成虫时期，8月下旬发生第四代成虫，10月上中旬个别出现第五代成虫
生活习性	初孵若虫有群集性，成虫、若虫喜在白天活动，中午栖息在荫凉处，飞行能力强

防治适期　以初孵若虫至三龄若虫发生盛期为最佳防治时期。

防治措施　参照荔枝蝽防治方法。

宽棘缘蝽

分类地位　宽棘缘蝽（*Cletus schmidti* Kiritshenko）属半翅目（Hemiptera）缘蝽科（Coreidae）。

为害特点　主要以成虫、若虫吸食叶片的汁液，造成叶片枯萎，提前脱落。

形态特征

　　成虫：体长8.4～10.0毫米，宽2.5～3.3毫米。体棕褐色，被黑褐色刻点，头小，复眼突出，棕色；头顶纵沟两侧由黑刻点形成不规则的斑

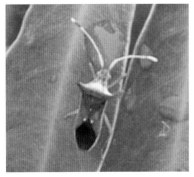

图 201　宽棘缘蝽成虫

纹。触角4节，头部及前胸背板前部有浅色的细小颗粒。前胸背板后部刻点粗密，颜色较暗；侧角后缘齿状突显著。小盾片顶端浅色，低于侧缘。前翅革质与膜质翅的交界处各有1枚白点，前缘基半浅色，顶角、端缘及内角常呈紫褐色（图201）。

发生特点

发生代数	一年发生2～3代
越冬方式	在广东、广西、云南无越冬现象
发生规律	不详
生活习性	羽化后的成虫7天后开始交配，交配后4～5天将卵产在寄主的茎、叶或穗上，多散产在叶面上

防治适期　以初孵若虫至三龄若虫发生盛期为最佳防治时期。

防治措施　参照荔枝蝽防治方法。

岱蝽 ···

分类地位　岱蝽 [*Dalpada oculata* (Fabricius)] 属半翅目（Hemiptera）蝽科（Pentatomidae）。

为害特点　成虫、若虫刺吸枝干、茎、叶及果实汁液，受害枝干干枯，茎、叶出现黄褐色斑点，严重时叶片提前脱落；果实被害后，出现畸形果，失去食用价值。

形态特征

　　成虫：体长14.5～18.0毫米，宽7.2～8.5毫米。体暗红色，背部散布黑色刻点，具暗绿斑。头暗绿色，杂生若干暗红色斑纹，前端至小盾片有1条黄色细中纵线；触角黑色，第1节上、下线状纹及第4、5节基部淡黄色。前胸背板具4～5条隐约的暗绿色纵带；前侧缘锯齿状，侧角黑色。小盾片两基角圆斑及其端斑淡黄褐色。前翅膜质部分棕灰色，基半脉纹及亚缘处的若干小斑呈暗褐色；侧缘黄黑相间。足黄褐色，前足胫节扩大呈叶状。腹部腹面黄褐色，第6腹节正中具大黑斑（图202）。

图202　岱蝽成虫

发生特点

发生代数	广东一年发生2～3代
越冬方式	以成虫在温暖隐蔽的缝隙中越冬
发生规律	翌年3月中旬越冬成虫开始外出活动，4～5月开始产卵
生活习性	初孵若虫群集于卵壳周围，二龄以后分散为害

防治适期　以初孵若虫至三龄若虫发生盛期为最佳防治时期。

防治措施　参照荔枝蝽防治方法。

丽盾蝽 ···

分类地位　丽盾蝽[*Chrysocoris grandis* (Thunberg)]属半翅目（Hemiptera）

盾蝽科（Scutelleridae）。又称苦楝蝽、大盾椿象、黄色长盾蝽、苦楝盾蝽。

为害特点 以成虫、若虫取食嫩梢或花序，致结实率降低、嫩梢枯死。

形态特征

　　成虫：体长17.0 ～ 25.0毫米，宽8.0 ～ 13.0毫米。体椭圆形，通常呈白色至黄褐色，密布黑色小刻点。头近三角形，基部与基叶黑色，中间有一黑色纵纹。触角黑色。喙黑色，伸至腹部中央。前胸背面有黑斑1块，雌虫的黑斑较小，与头基部的黑斑分隔开，雄性的该斑纹较大且两斑相接。小盾片基缘黑色，前半中央有1块黑斑，后侧方各有1块短黑斑，3块黑斑呈"品"字形排列。胸部及腹部腹面均具黑白相间的斑纹。腿具宝石蓝色的金属光泽（图203）。

图203　丽盾蝽成虫（左为雄成虫；右为雌成虫）

发生特点

发生代数	一年发生1代
越冬方式	以成虫在隐蔽的树叶背面越冬
发生规律	翌年3 ～ 4月开始活动，一般分散为害，4 ～ 6月为害较重
生活习性	初孵若虫群集为害，成虫飞行能力较强

防治适期 以初孵若虫至三龄若虫发生盛期为最佳防治时期。

防治措施 参照荔枝蝽防治方法。

喙副黛缘蝽 ···

分类地位 喙副黛缘蝽（*Paradasynus longirostris* Hsiao）属半翅目（Hemiptera）缘蝽科（Coreidae），又名红缘蝽，俗称红鸡公、红蚂蚁、椿象虎。

为害特点 主要为害龙眼果穗、幼果和梢叶，受害后幼果大量脱落，严重影响产量。

形态特征

成虫：体长18.0～21.0毫米，体黄褐色。复眼红黑，单眼红色。喙4节，喙端为黑色，伸达身体腹面1/2以内。触角4节呈红褐色，细长。前胸背板侧缘黑色。小盾片呈三角形，不超爪区。前翅稍超过腹部末端，革片脉纹带红色，膜片暗色，翅脉整齐，部分顶端分叉。腹面为浅黄绿色，腹部背面红色。腹面两侧各有8个黑色斑点，前后端两个较小（前胸及腹部后方各1）。足细长，淡黄褐稍带红色，跗节3节，具双爪（图204）。

卵：扁椭圆形，长1.8～1.9毫米，初产时淡黄褐色，后为紫褐色。卵粒背中脊及侧缘略见棱角，卵壳蜡质有光泽，卵面密被六角形网纹（图205）。

若虫：从初龄至四龄体色尤其腹部体色淡红至红色。一至三龄触角第2、3节及四龄第3节都不同程度的向左右扩展，是分龄的明显特征，五龄若虫与成虫的触角趋于正常。四、五龄若虫翅芽明显，前后翅芽重叠。

图204　喙副黛缘蝽成虫

图205　喙副黛缘蝽卵

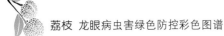

发生特点

发生代数	在莆田地区每年发生2代
越冬方式	以成虫在枇杷及果园杂草上越冬，且其越冬成虫并非完全滞育，仍能取食
发生规律	4月成虫开始出蛰活动，5月中下旬开始产卵
生活习性	低龄若虫动作非常迅速，受惊立刻分散，横着走动。四龄开始分散为害。成虫与若虫均在田间取食，上午8:00～10:00及下午3:00～5:00取食最盛；中午光照强烈时隐藏于果树的隐蔽处

防治适期 以初孵若虫至三龄若虫发生盛期为最佳防治时期。

防治措施 参照荔枝蝽防治方法。

曲胫侎缘蝽 ···

分类地位 曲胫侎缘蝽（*Mictis tenebrosa*）属于半翅目（Hemiptera）缘蝽科（Coreidae）。

为害特点 成虫和若虫均能刺吸为害嫩梢，吸食嫩枝、叶柄的汁液，致使嫩芽萎缩、干枯。

形态特征

　　成虫：体长19.5～24毫米，宽6.5～9.0毫米，呈灰褐色或灰黑褐色。头小，触角黑褐色。前胸背板缘直，具微齿，侧角钝圆。后胸侧板臭腺孔外侧橙红色，近后足基节外侧有1个白绒毛组成的斑点。雄虫后足腿节显著弯曲、粗大，胫节腹面呈三角形突出，腹部第3节可见腹板两侧具短刺状突起；雌虫后足腿节稍粗大，末端腹面有1个三角形短刺（图206）。

　　卵：长2.6～2.7毫米，宽约1.7毫米。呈腰鼓状，黑褐色，有光泽，上有白斑，一般8～14粒呈串状排列。

　　若虫：共5龄，一、二龄体形近似黑蚂蚁。一至三龄前胫节强烈扩展成叶状，中、后足胫节也稍扩展。各龄腹背第4、5、6节中央各具1对臭腺孔。

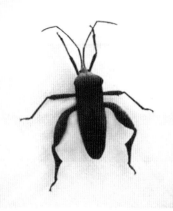

图206 曲胫侏缘蝽成虫

发生特点

发生代数	一年一般发生2代
越冬方式	以成虫在寄主附近的枯枝落叶下过冬
发生规律	翌年3月上中旬开始活动，4月下旬开始交尾，4月底至5月初开始产卵直至7月初，6月上旬至7月中旬陆续死亡。第一代若虫于5月中旬初至7月中旬孵出，6月中旬至8月中旬初羽化，6月下旬至8月下旬初产卵，7月下旬至9月上旬先后死去。第二代若虫于7月上旬至9月初孵出，8月上旬至10月上旬羽化，10月中下旬至11月中旬陆续进入冬眠期
生活习性	初孵若虫静伏于卵壳旁，不久即在卵壳附近群集取食，稍受惊动，便竞相逃散。二龄起分开，与成虫同在嫩梢上吸汁

防治适期 以初孵若虫至三龄若虫发生盛期为最佳防治时期。

防治措施 参照荔枝蝽防治方法。

珀蝽 ....

分类地位 珀蝽（*Plautia fimbriata* Fabricius），别名朱绿蝽、米缘蝽、克罗蝽，隶属于半翅目（Hemiptera）蝽科（Pentatomidae）。

为害特点 成虫和若虫均吸食嫩叶、嫩茎和果实的汁液，严重时造成叶片枯黄，提早落叶，树势衰弱。被害嫩梢停止生长，果实受害部分停止发育，形成果面凹凸的"疙瘩果"。

形态特征

成虫：体长8.0～11.5毫米，宽5.0～6.5毫米。长卵圆形，具光泽，密被黑色或与体同色的细点刻。头鲜绿，触角第2节绿色，第3、4、5节绿黄色，末端黑色；复眼棕黑，单眼棕红。前胸背板鲜绿。两侧角圆而稍凸起，红褐色，后侧缘红褐。小盾片鲜绿，末端色淡。前翅革片暗红色，刻点粗黑，并常组成不规则的斑。腹部侧缘后角黑色，腹面淡绿，胸部及腹部腹面中央淡黄，中胸片上有小脊，足鲜绿色（图207）。

图207　珀蝽成虫

卵：圆筒形，初产时灰黄，渐变为暗灰黄色，卵壳光滑，网状。假卵盖周缘具精孔突32枚。

若虫：体较小，似成虫。

发生特点

发生代数	浙江地区1年发生3代
越冬方式	以成虫在枯枝落叶或草丛中越冬
发生规律	翌年4月中旬成虫开始活动，4月下旬至6月上旬产卵，第一代于5月上旬至6月中旬孵化出若虫，第二代7月上旬孵化出若虫，第三代9月初至10月上旬孵化出若虫，10月下旬陆续蛰伏越冬
生活习性	成虫趋光性强

防治适期 以初孵若虫至三龄若虫发生盛期为最佳防治时期。

防治措施 参照荔枝蝽防治方法。

蟪蛄

分类地位　蟪蛄[*Platypleura kaempferi* (Fabricius)]属半翅目（Hemiptera）蝉科（Cicadidae），又名知了。

为害特点　幼虫吸取寄主树根的汁液，成虫则吸取枝条上的汁液，削弱树势，从而导致树枝枯死。

形态特征

成虫：体长19.0～23.0毫米，体型粗短，呈黑色或橄榄绿色。复眼大，单眼3个，红色，三角形排列，触角刚毛状。中胸背板有呈W形的赭绿色条纹，腹部黑色。前翅透明具灰黑色或褐色斑纹，后翅黑色或黄色，短小。成虫根据颜色可以分为黄色蟪蛄、绿色蟪蛄和混合色蟪蛄（图208）。

卵：梭形，初呈乳白色，逐渐转为黄色。

若虫：初孵时白色，后逐渐变为褐色，五龄幼虫触角长，复眼由白色变为红褐色。翅芽发达，背部有1条纵线。

图208　蟪蛄成虫

发生特点

发生代数	数年完成1代
越冬方式	以若虫在土壤中越冬
发生规律	成虫多在6月下旬羽化，终见于8月下旬，7月中旬是主要发生期
生活习性	成虫白天活动，一般很少飞行，除了寻找食物、配偶外，或者受到惊吓后从一棵树飞到另外一棵树，很少长距离长时间飞行。成虫趋光性较强

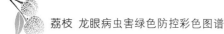

防治适期 7月中旬成虫发生高峰期为最佳防治时期。

防治措施

（1）**农业防治** ①彻底清除园边寄生植物，避免将该虫招惹入园以及阻断该虫迁徙转移，便于集中杀灭；结合修剪，剪除因被产卵而枯死的枝条，以消灭其中大量尚未孵化入土的卵粒。②在树干基部包扎塑料薄膜或透明胶，可阻止老熟若虫上树羽化，可人工捕杀或放鸡捕食滞留在树干周围的老熟若虫，在6月中旬至7月上旬雌虫未产卵时夜间人工捕杀。

（2）**物理防治** 根据成虫的趋光性，可采用黑光灯对其进行诱杀。

（3）**药剂防治** 4月上旬若虫尚在土壤中时用40%辛硫磷乳油500～600倍液浇淋树盘，毒杀土中若虫。成虫高峰期可在树冠、树干喷雾，药剂可选用：4.5%高效氯氰菊酯乳油、2.5%高效氯氟氰菊酯乳油或20%甲氰菊酯乳油1 000～1 500倍液。

蒙古寒蝉 ···

分类地位 蒙古寒蝉[*Meimuna mongolica* (Distant)]属半翅目（Hemiptera）蝉科（Cicadidae）。

为害特点 与蟪蛄的为害特点一致。

图209 蒙古寒蝉成虫

形态特征

成虫：体长28.0～33.0毫米。体背面灰黑色并具赭绿色斑纹，腹面灰白色。触角短小，复眼突出，灰色。前后翅透明呈膜状，翅脉褐色。雄虫腹部两侧各有一椭圆形的发声器官。雌虫腹部末端有发达的产卵器，尾部僵硬，内有针刺，可刺破树皮把卵注入植物的木质部内（图209）。

发生代数	多年发生1代
越冬方式	以卵或若虫在土中越冬
发生规律	不详
生活习性	老熟若虫多在夏季傍晚破土而出,爬上主干或侧枝或叶背蜕皮羽化。成虫主要在树冠周围 1 ～ 2 年生枝条上产卵

防治适期 成虫发生高峰期为最佳防治时期。

防治措施 参照蟋蟀的防治方法。

蚱蝉 ....

分类地位 蚱蝉(*Cryptotympana atrata* Fabricius)属半翅目(Hemiptera)蝉科(Cicadidae)。又被称为黑炸或黑蚱蝉,也叫炸了、齐女等。

为害特点 主要是成虫产卵使枝条死亡和若虫在土壤中吸取树木根系汁液。

形态特征

　　成虫:体长44.0 ～ 48.0毫米,翅展125.0毫米,雌虫稍短;体黑色,有光泽。头部横宽,颜面顶端及侧缘淡黄褐色,中央向下凹陷;复眼淡黄褐色;单眼3个,位于复眼中央,呈三角形排列。触角短小,位于复眼前方。中胸背板有2个隐约的中央线状淡赤褐色的锥形斑。前翅透明有反光,翅脉明显,前缘淡黄褐色,翅基室1/3为黑色,亚前缘室呈黑色,并有一淡黄褐色斑点。后翅基部2/5为黑色。前足腿节有齿刺(图210)。

　　卵:长2.4 ～ 2.5毫米,长椭圆形,稍弯曲,淡黄白色,有光泽(图211)。

　　若虫:一龄若虫乳白色,呈虮形。头、胸、足浅淡青色,前足为开掘足,腹部10节,前胸明显隆起,密生黄褐色绒毛。二龄若虫乳白色,背板有不明显的灰黑色倒M形纹。末龄若虫体长约35.0毫米,黄褐色或棕褐色。翅芽发达。前足发达,有齿刺,为开掘式(图212)。

图210 蚱蝉成虫

图211 蚱蝉卵

图212 蚱蝉若虫

发生特点

发生代数	多年发生1代
越冬方式	以卵和若虫分别在被害枝木质部和土壤中越冬
发生规律	老熟若虫7月初开始出土羽化，7月中旬至8月上中旬达盛期。成虫于7月中下旬开始产卵，8月上旬至下旬为盛期，9月中下旬产卵结束。越冬卵于6月中下旬孵化，7月初结束，若虫孵化后即落入土中，11月上旬越冬
生活习性	成虫具群聚性和群迁性，晚上多群居于大树上，上午成群由大树向小树转移，傍晚又成群从小树向大树集中。成虫具一定的趋光性

防治适期 利用成虫群聚性在8月上旬至8月下旬为害盛期集中消灭。

防治措施 参照蟪蛄的防治方法。

白蛾蜡蝉

分类地位 白蛾蜡蝉（*Lawana imitata* Melichar）属半翅目（Hemiptera）蛾蜡蝉科（Flatidae），又名白鸡、白翅蜡蝉、紫络蛾蜡蝉。

为害特点 以成虫和若虫在枝条、嫩梢、花穗、果梗上吸食汁液，使寄主树势生长衰弱。受害严重时，枝条干枯、落果或果实品质变劣。其排泄物可引起煤烟病（图213）。

形态特征

　　成虫：体长19.0～21.3毫米，白色或淡绿色，体被白色蜡粉。头尖，呈圆锥形；复眼圆形，褐色；触角刚毛状，着生于复眼下方。前胸背板小，前缘向前突出，后缘向前凹陷；中胸背板发达，背面有3条细的纵脊。前翅近三角形，黄白或碧绿色，外缘平直，顶角尖锐，臀角向后近直角，翅脉清晰，呈网状。后翅白色或淡绿色，膜质薄而柔软，半透明。后足发达，善跳（图214）。

图213　白蛾蜡蝉低龄若虫为害荔枝

图214　白蛾蜡蝉成虫

　　卵：长椭圆形，淡黄白色，表面有细网纹，卵粒聚集排列成纵列长条块。

　　若虫：体长约8.0毫米，长椭圆形，略扁平，被白色棉絮状蜡质物；翅芽大，向体后侧平伸，末端平截；腹端有成束粗长蜡丝。

发生特点

发生代数	广州地区一年发生2代
越冬方式	以成虫在寄主茂密的枝叶丛中越冬
发生规律	每年3～4月越冬成虫开始活动，3月下旬至4月中旬为第一代若虫孵化盛期；若虫盛发期在4月下旬至5月初；成虫盛发期在5～6月。第二代孵化盛期为7～8月；若虫盛发期在7月下旬至8月上旬；9～10月陆续出现成虫，9月中下旬为第二代成虫羽化高峰期
生活习性	初孵若虫有群集性，全身被白色蜡粉，受惊即四散跳跃逃逸。成虫善跳能飞，飞行能力不强

防治适期 利用初孵若虫的群集性,在4月下旬至5月初若虫盛孵期进行防治效果最佳。

防治措施

(1) **农业防治** 结合果树整形修剪,剪除无效枝、过密的枝叶和着卵枝梗,适当修剪被害枝,以减少虫源。在若虫期,可用竹扫帚扫落若虫,进行捕杀或放鸡啄食。

(2) **生物防治** 注意天敌的保护和利用。白蛾蜡蝉天敌有20余种,其中胡蜂科天敌具有优势,尤其以胡蜂科的墨胸胡蜂、黑盾胡蜂、大金箍胡蜂等应用较多。这些天敌对控制白蛾蜡蝉的大发生有重要作用。

(3) **药剂防治** 在若虫盛孵期,可用48%毒死蜱乳油1 000 ~ 1 500倍液、10%吡虫啉可湿性粉剂2 000 ~ 2 500倍液、20%异丙威乳油1 000倍液、25%噻虫嗪水分散粒剂3 000 ~ 3 500倍液,喷1 ~ 2次。在成虫盛发期,可用4.5%高效氯氰菊酯乳油、2.5%高效氯氟氰菊酯乳油或2.5%溴氰菊酯乳油1 000 ~ 1 500倍液喷雾。

褐缘蛾蜡蝉 ···

分类地位 褐缘蛾蜡蝉(*Salurnis marginella*)属半翅目(Hemiptera)蛾蜡蝉科(Flatidae),又名青蛾蜡蝉。

为害特点 成虫、若虫均能刺吸为害寄主的枝、茎、叶,严重时枝、茎和叶上布满白色蜡质物,致使树势衰弱,造成落花落果,其排泄物还可诱发煤烟病。

形态特征

成虫:体长约7.0毫米左右,翅展约18.0毫米。头部黄赭色,略呈圆锥状,中央具1条褐色纵带;触角褐色;单眼红色。前胸背板绿色,中央有2条红褐色纵带,侧带黄色;中胸背板发达,绿色或黄褐色,有4条红褐色纵带,左右各有2条弯曲的侧脊。腹部灰黄绿色,覆白色蜡粉,侧扁。前翅绿色或黄绿色,边缘褐色,在后缘端部近1/3处有一明显的马蹄形褐斑;后缘略弯曲,顶角上翘;网状脉纹明显隆起,在绿色个体上为深绿色,在黄色个体上呈红褐色。后翅绿白色,边缘完整。前、中足褐色,后足绿色(图215)。

卵：长约1.3毫米，短香蕉形，淡绿色。卵块呈条形。

若虫：绿色，虫体覆白色蜡质絮状物，胸背有4条赤褐色纵纹，腹末有2束白色蜡质长毛。

图215　褐缘蛾蜡蝉成虫

发生特点

发生代数	在福建一年发生约2代
越冬方式	以成虫在树上枝叶浓密处越冬
发生规律	翌年3～4月开始活动取食，5～6月若虫盛发
生活习性	初孵若虫群集为害，后逐步扩散为害，受惊动能跳跃。成虫喜潮湿畏阳光

防治适期　利用初孵若虫的群集性，在若虫盛孵期进行防治可有效控制其种群数量。

防治措施　参照白蛾蜡蝉防治方法。

碧蛾蜡蝉

分类地位　碧蛾蜡蝉[*Ceisha distinctissima* (Walker)]属半翅目（Hemiptera）蛾蜡蝉科（Flatidae），又名碧蜡蝉、黄翅羽衣。

为害特点　与褐缘蛾蜡蝉相似。

形态特征

成虫：体黄绿色，顶宽而短，向前略突，侧缘褐色呈脊状，额长大于宽，喙粗短，伸至中足基节。复眼黑褐色，单眼黄色。前胸背板较短具2条褐色纵带，前缘中部呈弧形，前突达复眼前沿，后缘弧形凹入；中胸背板长，有3条平行纵脊及2条淡褐色纵带。腹部浅黄褐色，覆白色蜡粉。前翅宽阔，前缘弧形，外缘平直，翅脉黄色，脉纹密布似网纹。后翅灰白

图216 碧蛾蜡蝉成虫

色，翅脉淡黄褐色（图216）。

卵：纺锤形，初产乳白色，近孵化时黄色，红色眼点显现。

若虫：老熟若虫体长形，扁平，绿色且全身覆白色棉絮状蜡丝，腹末覆白色长的绵状蜡丝。

发生特点

发生代数	大部分地区一年发生1代，广西等地一年发生2代
越冬方式	主要以卵在枯枝中越冬，也可以成虫越冬
发生规律	一般翌年5月上中旬孵化，7～8月若虫老熟，羽化为成虫，9月受精雌成虫产卵于小枯枝表面和木质部。广西等地第一代成虫6～7月发生。第二代成虫10月下旬至11月发生，一般若虫发生期3～11个月
生活习性	初孵若虫群集为害，若虫和成虫晚上活动较少，中午阳光强烈时也会躲入叶背

防治适期 利用初孵若虫的群集性，在若虫盛孵期进行防治可有效控制其种群数量。

防治措施 参照白蛾蜡蝉防治方法。

龙眼鸡 ••

分类地位 龙眼鸡（*Fulgora candelaria*）属半翅目（Hemiptera）蜡蝉科（Fulgoridae），又名长鼻蜡蝉、龙眼樗鸡。

龙眼鸡

为害特点 若虫和成虫刺吸龙眼树干或枝梢的汁液，发生严重时，可使枝梢衰弱、干枯，甚至导致落果，其排泄物还可诱发煤烟病。

形态特征

成虫：从复眼至腹部末端长为20.0～23.0毫米，翅展70.0～81.0毫米。头背面赭褐色，微带有绿色光泽；头部额区延伸似象鼻，长度为

15.0～18.0毫米，向上弯曲，复眼黑褐色，触角短小。背面红褐色其上散布许多小白点。腹背、各节后缘为黄色狭带，腹末肛管黑褐色。前翅革质、绿色，散布多个圆形或方形的黄色斑点，十分艳丽；后翅橙黄色，半透明，顶角部分黑色（图217）。

　　卵：长2.5～2.6毫米，圆筒形，初产时白色，近孵化时灰黑色，卵块呈长方形，常60～100粒聚集，覆盖有白色蜡粉（图218）。

　　若虫：初龄若虫体长4.2毫米，酒瓶状，黑色，两侧淡灰色。

图217　龙眼鸡成虫　　　　图218　龙眼鸡卵块

发生特点

发生代数	在广东一年发生1代
越冬方式	以成虫静伏在枝条分杈处下侧越冬
发生规律	翌年3月上中旬恢复活动，4月后飞翔活跃，5月为交尾盛期，6月卵陆续孵出若虫
生活习性	若虫活泼，善跳跃，成虫善跳能飞。一旦受惊扰迅速弹跳飞逃

防治适期　越冬成虫自然抗药性低，而6月是低龄若虫的发生盛期，这两个时期都是防治龙眼鸡的最佳时期。

防治措施

　　（1）**人工防治**　在越冬成虫产卵前捕捉成虫。在产卵期结合修剪或疏梢，刮除卵块。若虫期扫落若虫，放鸡啄食。

　　（2）**生物防治**　成虫常被一种龙眼鸡寄蛾 (*Fulgoraecia bowringi* Bewman) 寄生，每年6月寄生率较高，要注意保护利用。

（3）**药剂防治**　参照白蛾蜡蝉防治方法。

八点广翅蜡蝉 ···

分类地位　八点广翅蜡蝉[*Ricania speculum* (Walker)]属于半翅目（Hemiptera），蜡蝉科（Fulgoridae）。

为害特点　成虫和若虫刺吸寄主植物汁液，使受害枝梢衰弱，叶片变黄脱落。严重受害时，枝梢枯萎，果实受害表皮萎缩、变成硬果皮或脱落，排泄物易引起煤烟病。

形态特征

成虫：体长6.0 ～ 8.0毫米，翅展18.0 ～ 27.0毫米，体淡褐色至深褐色，复眼黄褐色，单眼红棕色，额区中脊明显；触角黄褐色，较短。前胸背板有中脊1条，小盾片有中脊5条；前翅灰褐色，翅面有多个大小不等的白斑及黑斑；后翅黑褐色，半透明，中室端部有1个小透明斑（图219）。

卵：扁椭圆形，约1.0毫米。

若虫：近羽化时呈卵圆形，头部至腹背中部有一粗大的白色线；头部前端至胸背有3条依次渐粗的白色横线，构成"王"字形纹，背部为褐色与白色相间的斑纹，腹末有3 ～ 8束放射状散开如屏的大蜡丝（图220）。

图219　八点广翅蜡蝉成虫

图220　八点广翅蜡蝉若虫

发生特点

发生代数	一年发生1代
越冬方式	以卵在枝条卵窝内越冬
发生规律	在浙江5月中下旬至6月上中旬陆续孵化，7月下旬成虫羽化，产卵于嫩梢上越冬。广东于5月上旬可同时见到成虫、若虫为害春梢，并在春梢及叶脉上产卵，第二代于7月上中旬孵化，8月上旬为成虫盛发期，在9月仍可见成虫活动
生活习性	初孵若虫二龄前群集于叶背为害，若虫活泼，稍受惊即横行斜走，作孔雀开屏状动作，惊动过大时则跳跃，晴朗温暖天气活跃。成虫飞翔能力较强，善跳跃

防治适期 初孵若虫二龄前群集为害，此时抗药性较低，是防治的最佳时机。

防治措施 可参照白蛾蜡蝉防治。

白带尖胸沫蝉

分类地位 白带尖胸沫蝉（*Aphrophora intermedia* Uhler），属于半翅目（Hemiptera）尖胸沫蝉科（Aphrophoridae），又名吹泡虫。

为害特点 若虫在寄主嫩枝基部或在枝条与叶柄处吸取汁液，并从腹部排出大量的白色泡沫状黏液遮盖虫体（图221）。

形态特征

　　成虫：体长约11.0毫米，梭形，前翅有一明显的灰白色横带，后足胫节的外侧有两个棘状突起，停息时头部抬高（图222）。

　　若虫：体淡黄色，后足胫节外侧具两个棘状突起（图223）。

图221　白带尖胸沫蝉若虫为害状

图 222 　白带尖胸沫蝉成虫　　　　　图 223 　白带尖胸沫蝉若虫

发生特点

发生代数	一年发生1代
越冬方式	以卵在枝条内越冬
发生规律	第二年4月中下旬开始孵化，5月为发生盛期
生活习性	初孵若虫喜群集取食，并开始排出泡沫，三龄后不固定取食，可转移至较大枝条上为害，大量分泌白色黏液状泡沫覆盖虫体，若虫在泡沫内蜕皮发育生长

防治适期　初孵若虫二龄前群集为害，此时抗药性较弱，是防治的最佳时机。

防治措施　一般发生数量不多，可不进行防治。在较普遍发生时，可用防治白蛾蜡蝉的药剂进行喷药防治。

温室白粉虱 ·······························

分类地位　白粉虱[*Trialeurodes vaporariorum* (Westwood)]属半翅目（Hemiptera）粉虱科（Aleyrodidae），又名小白蛾子。

为害特点　成虫和若虫吸食植物汁液，被害叶片褪绿、变黄、萎蔫，甚至全株枯死。此外，能分泌大量蜜露，严重污染叶片和果实，往往引起煤污病的大发生。

形态特征

　　成虫：体长1.0～1.5毫米，淡黄色，雌虫个体大于雄虫。雌雄均有翅，翅面覆盖白蜡粉，停息时双翅在虫体上合成屋脊状如蛾类，翅端半圆状遮住整个腹部，翅脉简单，沿翅外缘有一排小颗粒。产卵器为针状（图224）。

　　卵：长约0.2毫米，侧面观长椭圆形，初产淡绿色，覆有蜡粉，而后渐变褐色，孵化前呈黑色（图225）。

　　若虫：淡绿色或黄绿色，足和触角退化，紧贴在叶片上营固着生活；四龄若虫又称伪蛹，体长0.7～0.8毫米，椭圆形，初期体扁平，逐渐加厚呈蛋糕状（侧面观），中央略高，黄褐色，体背有长短不齐的蜡丝，体侧有刺（图225）。

图224　白粉虱成虫

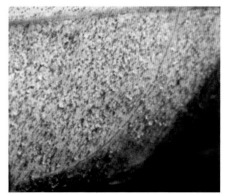

图225　白粉虱卵和若虫

发生特点

发生代数	一年可发生10余代，世代重叠严重
越冬方式	田间一般以卵或成虫在杂草上越冬，温室大棚内以各种形态越冬
发生规律	正常温室条件下，约1个月完成1个世代，在春末夏初种群密度大，7～8月迅速上升达到高峰，10月中旬天气转凉后，虫口数量逐渐减少
生活习性	营有性生殖或孤雌生殖，卵多散产于叶片上，成虫有趋嫩性和群集性，对黄色有趋性

防治适期 一龄若虫发生高峰期为最佳防治期，且应在早期虫口密度较低时进行防治。

防治措施

（1）**农业防治** 加强栽培管理，结合修剪整枝，摘除老叶、病叶烧毁或深埋，以减少虫源。

（2）**物理防治** 利用白粉虱强烈的趋黄性，在发生初期将黄板涂机油挂于植株行间，诱杀成虫。

（3）**生物防治** 白粉虱的天敌有丽蚜小蜂、中华草蛉和轮枝菌等。可采用人工释放丽蚜小蜂、中华草蛉和轮枝菌等天敌来防治白粉虱。

（4）**药剂防治** 应在早期虫口密度较低时施用，可选用25%噻嗪酮可湿性粉剂1 000 ～ 1 500倍液、10%吡虫啉可湿性性粉1 500 ～ 2 000倍液、1.8%阿维菌素乳油1 500 ～ 2 000倍液、25%噻虫嗪水分散粒剂3 000 ～ 3 500倍液，每隔5 ～ 7天喷1次，连续喷2 ～ 3次。

荔枝褶粉虱 ···

分类地位 荔枝褶粉虱（*Aleurotrachelus* sp.）属半翅目（Hemiptera）粉虱科（Aleyrodidae）。

为害特点 以若虫为害嫩叶，在嫩叶背面刺吸叶片汁液，叶片出现黄色斑点（图226），若虫排泄的蜜露常诱发煤烟病（图227）。

图226 荔枝褶粉虱为害嫩梢

图227 荔枝褶粉虱引发煤烟病

形态特征

　　成虫： 体长约0.5毫米，体橙红色，被薄蜡质白粉。复眼肾形红色。前翅灰色，上有9个不规则白色斑纹；后翅小，淡紫褐色，无斑纹（图228）。

　　卵： 白色至淡黄色，长圆形。

　　若虫： 体约0.8毫米，初孵若虫淡黄色，老龄若虫近圆形，胸部背面两侧有皱褶（图229）。

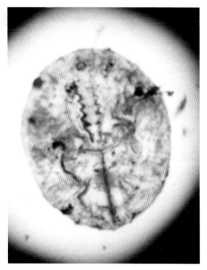

图228　荔枝褶粉虱成虫　　　　　图229　荔枝褶粉虱若虫

发生特点

发生代数	一年发生代数不详
越冬方式	田间一般以卵或成虫在杂草上越冬，温室大棚内以各种形态越冬
发生规律	第一代成虫于5月出现，5～9月为盛发期，最后一代为害秋梢
生活习性	成虫有趋嫩性和趋黄性

防治适期 一龄若虫发生高峰期为最佳防治期，且应在早期虫口密度较低时防治。

防治措施 参照温室白粉虱防治方法。

黑刺粉虱 ·····

分类地位 黑刺粉虱[*Aleurocanthus spiniferus* (Quaintance)]属半翅目 (Hemiptera) 粉虱科（Aleyrodidae），又名橘刺粉虱、刺粉虱、黑蛹有刺粉虱。

为害特点 以若虫群集于叶背吮吸汁液，被害叶形成黄斑，并能分泌蜜露诱发煤烟病，严重影响树体生长，阻碍光合作用，以致枝叶枯竭，严重发生时甚至引起枯枝死树（图230）。

形态特征

成虫：雌成虫体长 1.0～1.7毫米，翅展2.5～3.5 毫米，体橙红色被薄蜡质白粉。复眼肾形红色。前翅呈紫褐色，上有6～7个白色斑纹；后翅小，淡紫褐色，无斑纹（图231）。

图230 黑刺粉虱为害荔枝叶片

卵：芒果形，长约0.25毫米，初产时乳白色后逐渐变成淡黄色，孵化前呈灰黑色，基部具一小柄，附着在叶上。

若虫：若虫共4龄，初龄椭圆形，淡黄色，渐变为灰色至黑色。淡黄色一龄若虫体背有6根浅色刺毛。二龄若虫胸部分节不明显，腹部分节明显，体背具长短刺毛9对。三龄若虫雌、雄体长大小有显著差异，雄虫略细小，胸节分界明显，但腹部前半分节不明显，体背具长短刺毛14对。四龄若虫与三龄若虫相似（图232）。

伪蛹：椭圆形，长0.7～1.1毫米，漆黑有光泽，壳边锯齿状，周缘有较宽的白蜡边，背面显著隆起，胸部具9对长刺，腹部有10对长刺，雌蛹两侧边缘有长刺11对，雄蛹10对。

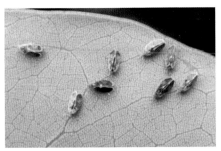

图231　黑刺粉虱成虫

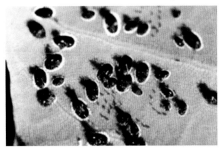

图232　黑刺粉虱若虫

发生特点

发生代数	一年发生4～5代，世代重叠
越冬方式	以若虫在叶背越冬
发生规律	越冬代若虫于2月中旬开始化蛹(伪蛹)，4月中旬成虫羽化并产卵。第一代若虫发生期为4月中旬至6月上旬，第二代6月中旬至7月下旬，第三代7月中旬至9月上旬，第四代9月中旬至翌年3月，11月之后逐渐进入越冬期。一年中以6～9月为发生为害高峰期
生活习性	若虫孵化后作短距离爬行吸食。初羽化时喜欢荫蔽的环境，日间常在树冠内幼嫩的枝叶上活动，有趋光性，可借风力传播到远方

防治适期　一龄若虫发生高峰期为最佳防治期，且应在早期虫口密度较低时防治。

防治措施

（1）**农业防治**　剪除密集的虫害枝，使果园通风透光，及时中耕、施肥、增强树势，提高植株抗虫能力。

（2）**物理防治**　在成虫期可用黄色诱虫板诱杀雄成虫。

（3）**生物防治**　①天敌的保护和利用，黑刺粉虱的天敌种类很多，包括寄生蜂、捕食性瓢虫、寄生性真菌。②用每毫升含3亿孢子的韦伯虫座孢菌防治一至二龄期的黑刺粉虱若虫有一定效果。

（4）**药剂防治**　黑刺粉虱的防治指标为平均每张叶片有若虫2头。药剂有2.5%联苯菊酯乳油1 000～1 500倍液、25%噻嗪酮乳油1 000～1 500倍液、25%噻虫嗪水分散粒剂2 500～3 000倍液。黑刺粉虱多在叶背，喷药时要注意喷施均匀。

龙眼角颊木虱 ·····································

分类地位 龙眼角颊木虱（*Cornegenapsylla sinica* Yang et Li）属半翅目（Hemiptera）木虱科（Psyllidae）。

为害特点 成虫在龙眼新梢顶芽、幼叶和花穗嫩茎上刺吸为害。若虫在嫩芽幼叶背面刺吸汁液，使受害部位下陷呈钉状，并向叶正面突起，若虫藏身在凹穴中。为害严重时，叶面布满小突起，叶片变小、皱缩、淡黄色，影响叶片正常生长和新梢抽发，削弱树势，影响产量。此外，该虫还会传播龙眼鬼帚病，造成更大的损失（图233）。

图233　龙眼角颊木虱为害状

形态特征

　　成虫： 雌成虫体长2.5～2.6毫米，宽0.7毫米；雄虫体长2.0～2.1毫米，宽0.6毫米。体背面黑色、腹面黄色。头部短而宽，有1对向前平伸的颊锥，呈圆锥状。复眼淡红色。触角10节，末端有1对叉状的刚毛。翅透明，前翅具明显的K形黑色条纹，后翅狭条形，稍短于前翅，无黑色条纹。腹部粗壮，锥形（图234）。

　　卵： 长椭圆形，长0.2毫米，宽0.1毫米，梨形。一端尖细延伸呈弧状弯曲长丝，另一端圆钝，底面扁平，有一短柄突出以固定在寄主上。初产时乳白色，后变为黄黑色。多数产于新叶背面，卵量多的时候，一片新叶有上百个卵（图235）。

　　若虫： 共5龄。一、二龄若虫体形略长、浅黄色，三龄若虫翅芽初现，体椭圆形，背面有红褐色条纹。四、五龄若虫翅芽明显，体椭圆形，黄色（图236）。

图234　龙眼角颊木虱成虫　　图235　龙眼角颊木虱卵　　图236　龙眼角颊
木虱若虫

发生特点

发生代数	在福建福州一年发生3～5代，在广东广州一年发生7代，而在广西的西南地区每年发生7代以上
越冬方式	以若虫在被害叶的钉状孔穴内越冬
发生规律	翌年2月下旬至3月上旬为越冬代成虫羽化期。一年中有5个发生高峰期，各期均与龙眼抽发新梢期相遇，但以春梢期虫口密度最高，夏梢、夏延秋梢和二次秋梢虫口密度较低，冬季气温较高的年份，部分若虫羽化为成虫，为害冬梢
生活习性	成虫常在新梢上的嫩芽、幼叶上栖息取食，取食时头端下俯，腹端上翘；一般白天午间温度较高时较活跃，遇惊动能起跳作短距离飞翔

防治适期　把握好越冬代成虫羽化盛期及初孵若虫盛孵期两个最佳防治时机。

防治措施

（1）**农业防治**　加强肥水管理，使新梢整齐抽发，加快嫩叶转绿；结合修剪，剪除多虫叶片，集中烧毁；适期疏梢、控制冬梢，减少虫源。

（2）**生物防治**　龙眼角颊木虱若虫期的天敌有粉蛉和姬蜂等，而中华微刺盲蝽则对龙眼角颊木虱的卵有较高的捕食率。

（3）**药剂防治**　可选用药剂：25%噻嗪酮可湿性粉剂1 000倍液、10%吡虫啉可湿性粉剂1 000～1 500倍液、1.8%阿维菌素乳油1 500～2 000倍液、4.5%高效氯氰菊酯乳油1 000～1 500倍液等。

垫囊绿绵蜡蚧 ··

分类地位 垫囊绿绵蜡蚧[*Chloropulvinaria psidii* (Maskell)]属半翅目（Hemiptera）蜡蚧科（Coccidae），别称番石榴绿绵蜡蚧。

为害特点 以成虫和若虫在新梢、叶片、花穗、果柄及果实上刺吸汁液，同时分泌蜜露，常诱发煤烟病（图237、图238）。

图237 垫囊绿绵蜡蚧为害荔枝树干　　　图238 垫囊绿绵蜡蚧为害荔枝果实

形态特征

成虫： 雌成虫体长3.5～4.0毫米，宽2.5～3.0毫米，椭圆形，淡黄绿色，背面扁平，中央稍隆起，体背覆一层软而薄的蜡质，与虫体紧贴不能分离。足与触角细小，淡黄色。腹端有一臀裂。成熟雌虫于腹端分泌绵状物将虫体垫起，形成垫囊。雄成虫体长1.6～1.7毫米，翅展3.4～4.0毫米，浅棕红色，复眼黑色，其附近两侧各有一黑点。触角细长，13节。翅1对，浅灰白色。腹部末端有一较长的刺状交尾器和1对白色蜡丝（图239）。

卵： 椭圆形，初产时乳白色，近孵化时淡黄色。

若虫： 初孵若虫虫体椭圆形，肉黄色。成熟若虫体长约2.0毫米，宽1.2～1.4毫米，淡绿黄色，扁平，中央略隆起。体背前半部具三角形红斑，后半部有一近方形的红斑（图240）。

图239　垫囊绿绵蜡蚧成虫

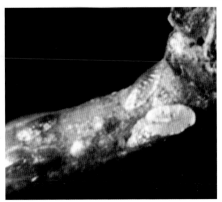

图240　垫囊绿绵蜡蚧若虫

伪蛹：长椭圆形，长1.5毫米，宽0.7毫米，体浅红色，复眼黑色。翅芽伸至腹部第3节末端。腹部末端有3个短锥状突起。伪蛹外覆盖半透明的蜡质茧。

发生特点

发生代数	广东一年发生3~4代
越冬方式	以若虫及未形成卵囊的雌成虫在叶背、秋梢和早冬梢顶芽上越冬
发生规律	翌年1月下旬至2月上旬越冬后的雌成虫开始形成卵囊，第一代雌成虫出现于4月下旬，第二代出现于8月下旬，第三代出现于11月上旬
生活习性	雌虫羽化后，在叶片上慢慢爬行产卵，产卵后虫体干枯死亡，寿命约两个月，雄虫羽化后较活跃，能飞行但距离不远，寿命一般1~2天

防治适期　若虫孵化至体表尚未泌蜡前，是防治的有利时机。最佳防治期为低龄若虫期。

防治措施

（1）**加强检疫**　防止害虫通过苗木调运或接穗传播。

（2）**农业防治**　结合修剪，剪除密集的荫枝、弱枝和受害严重的枝叶，必要时还要进行间伐，以保证果园通风透光。

（3）**药剂防治**　有效药剂有：25%噻嗪酮可湿性粉剂1 000倍液、48%毒死蜱乳油1 000倍液、22.4%螺虫乙酯悬浮剂3 000~4 000倍液。

角蜡蚧 ·······································

分类地位 角蜡蚧[*Ceroplastes ceriferus* (Fabricius)]属半翅目（Hemiptera）蜡蚧科（Coccidae），又名白蜡蚧、角蜡虫。

为害特点 以成虫、若虫刺吸汁液为害寄主，导致叶片变黄，树干表面凸凹不平，树皮纵裂，树势逐渐衰弱，严重者枝干枯死，其排泄的蜜露常诱发煤污病。

形态特征

蜡壳：雌成虫蜡壳半球形，白色，直径5.1～8.3毫米，背面有一向前的弯钩状蜡突，周围有7个凹陷处，头端1个，两侧边各3个（图241、图242）。

图241　角蜡蚧背面

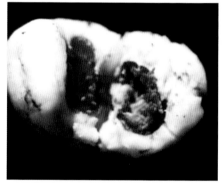
图242　角蜡蚧腹面

成虫：雌成虫体长3.7毫米，宽约2.7毫米，椭圆形。体橙红色，腹面平，背隆起，腹背有一圆锥形突起，触角6节，足短粗。雄成虫长1.3毫米，赤褐色，前翅发达，短宽微黄，半透明；后翅特化为平衡棒。

卵：椭圆形，长约0.3毫米，紫红色。

若虫：初孵若虫长椭圆形，长0.5毫米，红褐色，固定后呈放射状泌蜡；二龄若虫体肉红色，长1.07毫米，宽0.76毫米，体背蜡壳开始出现角状突起，但不弯曲；三龄若虫体色同二龄，但体背角状突开始向前呈弯钩状。当出现弯钩状蜡角时，其若虫即将蜕变成成虫。

发生特点

发生代数	一年发生 1 代
越冬方式	以受精雌虫在枝上越冬
发生规律	翌年春天开始为害，幼虫在 4 月上旬至 5 月下旬陆续孵化
生活习性	若虫雌虫多于枝上固着为害，雄虫多到叶上主脉两侧群集为害。在成虫产卵和若虫刚孵化阶段，降水量大小对种群数量影响很大，但干旱对其影响不大

防治适期 低龄若虫期为最佳防治期。

防治措施 参照垫囊绿绵蜡蚧防治方法。

龟蜡蚧 ··

分类地位 龟 蜡 蚧 （*Ceroplastes floridensis* Comstock）属于半翅目（Hemiptera）蜡蚧科（Coccidae），亦称佛州龟蜡蚧。

为害特点 从若虫孵化发育到成虫，都吸附固定在叶片或枝条上吸取植株汁液和养分，呈密集分布，影响植株正常生长，常常导致落叶落果，并引发煤烟病。

形态特征

成虫：雌虫被一层厚的白蜡壳，呈椭圆形，长 4.0～6.0 毫米，活虫蜡壳背面淡红色，边缘乳白色，体淡褐色至紫红色；背面隆起似半球形，中央隆起较高，表面具龟甲状凹纹（图 243）。雄虫体长 1.0～1.4 毫米，

图 243 龟蜡蚧雌成虫（左为正面；右为腹面）

淡红至深褐色；头及前胸背板颜色较深，眼黑色；触角丝状；翅1对，半透明，具2条粗脉；足细小。

卵：椭圆形，初呈橙黄色，孵化前紫红色。

若虫：初孵若虫长约0.4毫米，短椭圆形，扁平，淡黄褐色，复眼黑色；二龄若虫体背全被白色蜡壳，雄虫周围有13个星芒状蜡角，雌虫蜡壳周围的星芒状蜡角逐渐消失。

蛹：裸蛹，椭圆形，平均长约1.2毫米，紫褐色，翅芽颜色较深。

发生特点

发生代数	一年发生 1 ~ 2 代
越冬方式	以受精雌虫或若虫越冬
发生规律	越冬雌虫一般4月开始产卵，5月下旬至6月中旬若虫出现。7月上旬开始雌虫迁移到新梢上为害
生活习性	低龄若虫多在叶片上固定寄生，嫩枝上较少，其中又以叶面上数量为多，常常沿着叶脉顺序排列。固定后若虫不爬动，只是到了老龄若虫又大量迁往嫩枝上再行固定寄生

防治适期 低龄若虫期为最佳防治期。

防治措施 参照垫囊绿绵蜡蚧防治方法。

褐软蚧 ·······························

分类地位 褐软蚧（*Coccus hesperidum* Linnaeus）属半翅目（Hemiptera），蜡蚧科（Coccidae），又名龙眼黄介壳虫、广食褐软蚧、软蚧等。

为害特点 以雌成虫和若虫群集在叶片正面中脉两侧或嫩枝上吸食汁液，也可为害果实，其排泄物易诱发煤污病（图244）。

形态特征

成虫：雌虫体长 3.0 ~ 4.0毫米，棕褐色，卵形，前端较窄，后端较宽。体背中央有一纵隆起，体边缘薄，紧贴植物体表面。虫体背面常由棕色、黄色、黄褐色、绿色等构成不规则的格子形图案。体背软或略硬化。气门较小，凹陷处附有白蜡粉（图245）。

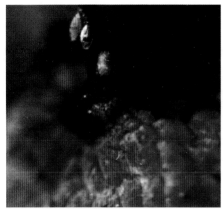
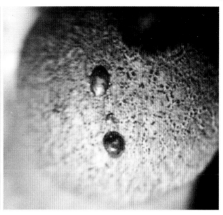

图244 褐软蚧为害荔枝和龙眼果实

若虫：体长约1.0毫米，长椭圆形，扁平，浅黄绿色至黄绿色。背面中央稍显纵脊线；体缘有短毛，在尾端的1对很长，近体长的一半（图246）。

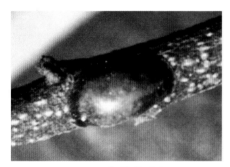

图245 褐软蚧成虫   图246 褐软蚧若虫

发生特点

发生代数	一年发生3~4代。在温室全年均可大量繁殖，一般可发生5~7代
越冬方式	以若虫在嫩枝或叶片上越冬
发生规律	第一代若虫在5月中下旬孵化，第二代若虫在7月中下旬发生，第三代若虫在10月上旬出现
生活习性	初龄若虫多分散转移于嫩枝和叶上群集为害，一旦固定便不再移动

防治适期 低龄若虫期为最佳防治期。

防治措施 参照垫囊绿绵蜡蚧防治方法。

砂皮球蚧···································

分类地位 砂皮球蚧（*Saissetia oleae* Bernard）属半翅目（Hemiptera）蜡蚧科（Coccidae），又称榄珠蜡蚧。

为害特点 以成虫、若虫在枝、叶以及果实上吸取寄主汁液，影响树体和果实正常生长，能诱发煤烟病。

形态特征

　　成虫：雌成虫体半球形，黑色到黑褐色，背部有突起的 H 形图案（图247）。

　　若虫：体半球形，淡褐色，背面具 H 形突起（图248）。

图247　砂皮球蚧成虫

图248　砂皮球蚧若虫

发生特点

发生代数	一年发生 2 代
越冬方式	以若虫越冬
发生规律	翌年 5 ~ 6 月出现为害，第二代在 8 ~ 9 月出现
生活习性	若虫孵化后，即脱离母体固定在寄主的枝叶以及果实上为害

防治适期 低龄若虫期为最佳防治期。

防治措施 参照垫囊绿绵蜡蚧防治方法。

榕树粉蚧 ···

分类地位　榕树粉蚧（*Pseudococcus baliteus* Lit）属半翅目（Hemiptera）粉蚧科（Pseudococcidae），也称气生根粉蚧，是一种检疫性害虫。

为害特点　在寄主植物上大量寄生取食，导致寄主植物营养不良，生长缓慢。果实受害后感观品质下降，严重时甚至失去商品价值（图249）。

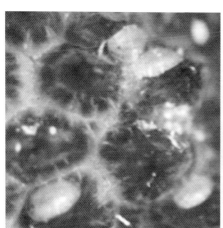

图249　榕树粉蚧若虫为害状

形态特征

　　成虫：雌成虫体椭圆形，长2.2～2.4毫米，宽1.1～1.2毫米。体被白色粉状蜡质分泌物。体缘具有17对白色直蜡丝，末对蜡丝较长，腹部腹面常见卵囊（图250）。

发生特点

　　榕树粉蚧为新发现的害虫，其生活习性尚不明确。

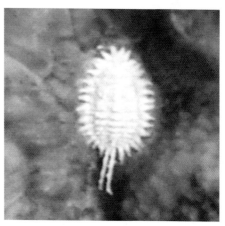

图250　榕树粉蚧成虫

防治适期 低龄若虫期为最佳防治期。

防治措施 参照垫囊绿绵蜡蚧防治方法。

堆蜡粉蚧 ··

分类地位 堆蜡粉蚧[*Nipaecoccus vastator* (Maskell)]属半翅目（Hemiptera）粉蚧科（Pseudococcidae）。

为害特点 以成虫、若虫取食嫩梢幼叶、叶片、花穗和果实的汁液，严重时影响植株正常生长，引起落花落果；此外，该害虫分泌的蜜露，易诱发煤烟病（图251）。

图251　堆蜡粉蚧为害荔枝和龙眼

形态特征

　　成虫：雌成虫椭圆形，长3.0～4.0毫米，体紫黑色，盖厚厚的白色蜡粉，每一体节的背面都横向分为4堆，整个体背则排成明显的4列。边缘排列着粗短的蜡丝，仅体末1对较长。触角和足草黄色。雄成虫体酱紫色，长约1.0毫米，翅1对，半透明，腹末有1对白色蜡质长尾刺（图252）。

　　卵：椭圆形，长约0.3毫米，卵囊蜡质绵团状，白中稍微黄。

　　若虫：体椭圆形，似雌成虫，分节明显。初孵化若虫无蜡粉堆，固定取食后体背及体周开始分泌白色蜡质物，并逐渐增厚（图253）。

　　蛹：外形似雄成虫，但触角、足和翅均未伸展。

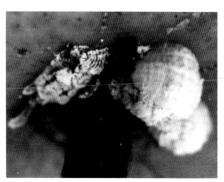

图252　堆蜡粉蚧成虫

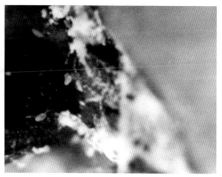

图253　堆蜡粉蚧若虫

发生特点

发生代数	广州一年发生5～6代，第三代开始世代重叠
越冬方式	以若虫和成虫在树干、枝条的裂缝或洞穴及卷叶内越冬
发生规律	2月初开始活动，主要为害春梢，在3月下旬前后出现第一代卵囊。各代若虫发生盛期分别出现在4月上旬、5月中旬、7月中旬、9月上旬、10月上旬和11月中旬。4～5月和10～11月为发生盛期
生活习性	若虫和雌成虫偏好群集于嫩梢、果柄和果蒂上为害

防治适期　低龄若虫期群集为害，此时为最佳防治期。

防治措施　参照垫囊绿绵蜡蚧防治方法。

双条拂粉蚧 ·····························

分类地位　双条拂粉蚧[*Ferrisia virgata* (Cockerell)] 属半翅目（Hemiptera）蚧总科（Coccoidea）粉蚧科（Pseudococcidae），又称丝粉蚧、条拂粉蚧、橘腺刺粉蚧、大长尾介壳虫。

为害特点　成虫、若虫刺吸为害寄主植物的叶片、嫩梢、果实汁液，可传播病毒。为害过程中还伴随着蜜露的分泌，极易导致煤烟病发生（图254）。

图254 双条拂粉蚧为害龙眼

形态特征

图255 双条拂粉蚧成虫

成虫：雌虫体长2.5～3.0毫米，宽1.5～2.0毫米，体色淡而亮，卵圆形，触角8节，体表覆盖白色粒状蜡质分泌物，背部具2条黑色竖纹，无蜡状侧丝，仅尾端具2根粗蜡丝(长约为虫体1/2)和数根细蜡丝（图255）。

发生特点

发生代数	不详
越冬方式	不详
发生规律	不详
生活习性	偏好聚集在比较隐蔽和高湿的荔枝或龙眼园中的果实上为害。若虫在母体附近活动，三龄若虫、成虫体外被白色绵状物，附近常有蚂蚁取食其分泌的蜜露，部分个体受惊扰后向外扩散或随风传播

防治适期　低龄若虫期为最佳防治期。
防治措施　参照垫囊绿绵蜡蚧防治方法。

矢尖蚧

分类地位　矢尖蚧[*Unaspis yanonensis* (Kuwana)]属半翅目（Hemiptera）盾蚧科（Diaspididae），又称矢坚蚧、箭头蚧、箭头介壳虫、矢根介壳虫、白恹。

为害特点　若虫和雌成虫刺吸枝干、叶和果实的汁液，叶被害后引起变黄退绿，果实受害后不能充分成熟和着色，严重时常造成叶片卷缩，枝叶枯死，削弱树势（图256）。

形态特征

成虫：雌成虫介壳长2.8～3.5毫米，箭头形，黄褐色或棕褐色，边缘灰、白色，前端尖，后端宽，中央有一纵脊，形成屋脊状，似箭形。虫体长形，橙色，长约2.5毫米，胸部长，腹部短，前胸与中胸

图256　矢尖蚧为害荔枝叶片

分节明显，第2腹节、第3腹节边缘显著突出。触角位于前端，退化成一瘤状突起，上面各生长毛1根。雄虫介壳狭长，长1.2～1.6毫米，粉白色棉絮状，背面有3条纵脊。雄虫体长0.5毫米，橙黄色，复眼深黑色，触角、足和尾部淡黄色。具发达的前翅，后翅特化为平衡棒。腹末性刺针状。

卵：长约0.2毫米，椭圆形，橙黄色。

若虫：初孵若虫扁平椭圆形，橙黄色，触角和足发达，棕黄色，腹末具长毛1对；固定后体黄褐色，触角和足均消失。

伪蛹：长形，橙黄色，长约1.4毫米，性刺突出。

发生特点

发生代数	甘肃、陕西一年发生2代，湖南、湖北、四川3代，福建3～4代
越冬方式	以受精雌虫越冬为主，少数以若虫越冬
发生规律	一龄若虫的发生盛期分别在5月上旬，7月中旬及9月下旬
生活习性	初孵若虫爬出母壳分散转移到枝、叶、果上固着寄生，仅1～2小时即固着刺吸汁液，次日开始分泌棉絮状蜡粉。雄若虫一龄后即分泌棉絮状蜡质介壳

防治适期 低龄若虫期为最佳防治期。
防治措施 参照垫囊绿绵蜡蚧防治方法。

白轮盾蚧

分类地位 白轮盾蚧（*Aulacaspis tubereularis* Nemst），属于半翅目（Hemiptera）盾蚧科（Diaspididae）。

为害特点 成虫、若虫群集于叶片上为害，诱发煤烟病，影响光合作用。

形态特征

成虫：雌虫介壳近圆形，直径2.0～3.0毫米，白色，略隆起，壳点黄色，雌虫体长约1.1毫米。前期体黄色，扁平，受精后虫体迅速增大，体色转为肉红色。头及前中胸宽圆，后胸及腹部小呈狭长形，臀板颜色深。雄虫介壳长条形，长1.2～1.5毫米，宽约0.5毫米，白色，两侧平行，黄色壳点1个，位于介壳端部。雄成虫身体纺锤形，橘黄色。复眼黑色，触角具细刚毛，口器退化，仅具一对前翅（图257）。

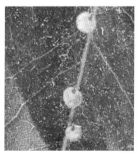

图257　白轮盾蚧成虫为害状（左为雌成虫；右为雄成虫）

卵：紫红色，长椭圆形，近孵化时具1对黑色眼点。

若虫：初孵若虫椭圆形，肉红色，复眼明显，触角和足发达。固定取食后的若虫身体逐渐增大，体色转橘黄色，体背隆起，触角和足渐趋退化。

发生特点

发生代数	一年发生2～3代
越冬方式	以二龄若虫及少数雌成虫越冬
发生规律	翌年3～4月，越冬代成虫羽化、交尾。第一代产卵盛期在4月下旬
生活习性	初孵若虫在每介壳下停留1～2天后爬出介壳，雌若虫爬行能力较强，而雄若虫爬行能力弱，往往群集在母体附近。喜欢阴湿环境，树冠下层的虫口密度较大

防治适期　低龄若虫期为最佳防治期。

防治措施

（1）人工防治　冬季清园，剪除受害叶片，减少翌年虫源。

（2）化学防治　用8%～10%松脂合剂或者95%机油乳剂100倍液喷雾；卵盛孵期喷药防治，药剂可选用：48%毒死蜱乳油1 000倍液、20%甲氰菊酯乳油1 000倍液、52.5%氯氰·毒死蜱乳油1 000～1 500倍液。

银毛吹绵蚧

分类地位　银毛吹绵蚧（*Icerya seychellarum* Westwood）属于半翅目(Hemiptera)，绵蚧科（Margarodidae）。

为害特点　以若虫和雌虫刺吸嫩芽、枝条及果实汁液，也可以引发煤烟病，使树势衰弱（图258）。

形态特征

成虫：雌虫卵圆形，虫体背稍隆起，黄色至橘红色，体被黄色至白色块状蜡质物。有许多放射状排列的银白色蜡丝。体缘蜡质突起较

图258　银毛吹绵蚧为害荔枝叶

大，淡黄色。

发生特点

发生代数	一年发生4代
越冬方式	以三龄若虫和雌成虫越冬
发生规律	3月中下旬开始产卵，4月以后盛发。四川地区第一代卵和若虫盛发期为4月下旬至6月，第二代7月下旬至9月初，第三代9～11月，其中4～7月发生严重
生活习性	偏好温暖潮湿的环境，初孵若虫较为活跃，雄虫飞行能力不强

防治适期 低龄若虫期为最佳防治期。
防治措施 参照垫囊绿绵蜡蚧防治。

橘二叉蚜

分类地位 橘二叉蚜[*Toxoptera aurantii* (Boyer de Fonscolombe)]属半翅目（Hemiptera）蚜科（Aphididae），又称茶二叉蚜。

为害特点 以成蚜、若蚜在寄主植物嫩叶背面和嫩梢上刺吸为害，被害叶向反面卷曲或稍纵卷，严重时新梢不能抽出，引起落花。排泄的蜜露引起煤污病的发生（图259）。

图259 橘二叉蚜为害荔枝花穗和嫩梢

形态特征

　　成虫：无翅胎生雌蚜体长 2.0 毫米，暗褐色至黑褐色，有光泽，头部有皱褶纹，触角较长；胸部背面及腹面具网纹，足暗黄色较淡。有翅胎生雌蚜体长约 1.6 毫米，体黑褐色，具光泽，触角暗黄色，腹背两侧各有 4 个黑斑，腹管黑色长于尾片；前翅中脉分二叉。

　　卵：长 0.5 ～ 0.7 毫米，宽 0.2 ～ 0.3 毫米，长椭圆形，一端稍细。初产时浅黄色，后逐渐变为棕色到黑色。

　　若虫：无翅若蚜浅棕色，与无翅雌蚜成虫相似，体较小；有翅若蚜棕褐色，翅芽乳白色。

发生特点

发生代数	一年发生 20 代以上，世代重叠严重
越冬方式	以无翅蚜或老龄若虫在叶背越冬，甚至无明显越冬现象
发生规律	全年孤雌生殖，繁殖力极强，4 月下旬至 5 月中旬出现高峰，夏季虫少，9 月底至 10 月中旬虫口又上升，11 月中旬末代出现两性蚜，开始交配、产卵越冬
生活习性	喜聚集在新梢嫩叶背面或嫩茎上，当芽梢处虫口密度很大或气候异常时，即产生有翅蚜迁飞到新的芽梢上繁殖为害，有翅蚜迁飞喜在晴朗风力小于 3 级的黄昏时进行。适温少雨条件有利于该虫发生

防治适期 低龄若虫期抗药性弱且聚集为害，为最佳防治期。

防治措施

　　(1) 农业防治 ①统一放梢，及时清除荫梢。②虫口密度大的嫩梢，可人工摘除，防止蔓延。

　　(2) 药剂防治 虫口密度不大时可进行挑治，虫密度较大时可全面喷雾，但也只喷新梢、嫩梢即可。防效较好的药剂有 10% 吡虫啉可湿性粉剂 3 000 ～ 3 500 倍液、5% 啶虫脒乳油 2 500 ～ 3 000 倍液、10 % 烯啶虫胺可溶液剂 3 000 ～ 4 000 倍液、1.8% 阿维菌素乳油 2 000 ～ 2 500 倍液。

粉筒胸叶甲 ···

分类地位 粉筒胸叶甲[*Lypesthes ater* (Motschulsky)]属鞘翅目（Coleoptera）肖叶甲科（Eumolpidae）。

为害特点 以成虫咬食荔枝树的嫩叶、花穗和幼果（图260）。被害的嫩叶呈不规则的缺刻、孔洞；花穗受害小花梗被咬断、花朵被咬残破不堪；幼果被咬食成凹孔，尤以幼果并蒂前后受害最严重，造成落花落果，影响着果率和产量。

形态特征

成虫：长4.6～8.2毫米，宽2.1～3.9毫米，体黑色，密布灰白色竖毛，常覆盖一薄层灰白粉状分泌物。头中央有1条纵沟纹，密布刻点；上唇和下颚须棕黄色；额唇基前端横形隆起，其后有1个近三角形凹陷；触角11节，丝状，长约体长的2/3，基部3节杂有棕黄色，其余部分黑色或黑褐色。前胸圆柱形，长大于宽。小盾片舌形，末端圆钝。鞘翅披灰白色短毛，并由短毛密集排列成3、4条较明显的纵行纹；鞘翅密布刻点，排列成不规则纵行。足黑色，腿节腹面各具1个小齿突（图260）。

图260 粉筒胸叶甲成虫为害荔枝叶和花穗

发生特点

发生代数	不详
越冬方式	不详
发生规律	每年成虫出现期为 4 ～ 7 月，5 ～ 6 月是其活动盛期
生活习性	成虫能作短距离飞翔，有假死现象，一遇惊扰，立即假死坠地，但有部分虫体掉落尚未着地，在途中便可飞逃

防治适期　在荔枝树花穗已抽出但尚未开花时或谢花后的幼果并蒂前后进行防治。

防治措施　目前对粉筒胸叶甲主要采用药剂防治方法，防效较好的药剂有4.5%高效氯氰菊酯乳油 1 000 ～ 1 500 倍液、2.5 %高效氯氟氰菊酯乳油 1 000 ～ 1 500 倍液、48 %毒死蜱乳油 1 000 ～ 1 500 倍液、90%敌百虫晶体或 80%敌敌畏乳油 800 ～ 1 000 倍液等进行喷雾。

小绿象甲

分类地位　小绿象甲（*Platymycteropsis mandarinus* Fairmaire）属鞘翅目（Coleoptera）象甲科（Curculionidae），又名小粉绿象甲。

为害特点　以成虫取食叶片，常以十头至百头于同一棵树上群集为害，将叶片取食殆尽，影响树体生长（图261）。

形态特征

　　成虫：体长 6.0 ～ 9.0 毫米，体宽 2.5 ～ 3.0 毫米。体灰褐色，体表被浅绿、黄绿色鳞粉。头浅绿色，眼睛黑色，触角9节、细长、近于体长。鞘翅的刻点组成10 条纵行沟纹。前足比中、后足粗长，腿节膨大粗壮（图262）。

图261　小绿象甲成虫为害荔枝叶片

图262　小绿象甲成虫

发生特点

发生代数	在福建福州一年发生2代
越冬方式	以幼虫在土壤中越冬
发生规律	第一代成虫出现盛期在5~6月，第二代在7月下旬。在广西一年中从4月下旬至7月可见成虫活动，5~6月发生量较大
生活习性	成虫有假死习性，受到惊动即滚落地面

防治适期　越冬代虫源羽化盛期及成虫发生盛期进行防治能有效控制其种群数量。

防治措施

（1）**农业防治**　冬季结合翻松园土杀死部分越冬虫态。

（2）**人工防治**　利用小绿象甲具群集性、假死性和先在果园边局部发生的习性，将装适量水并加入少量煤油或机油的盆放置于有虫株下，用手震动树枝，使小绿象甲坠落盆内，以捕杀成虫。树体高大的可在树干涂胶，防止成虫上树，或在成虫开始上树时用胶环包扎树干，每天将黏在胶环上或胶环下的成虫杀死。黏胶的配制：蓖麻油40份、松香60份、黄蜡2份，先将油加温至120℃，然后慢慢加松香粉，边加边搅拌，再加入黄蜡，煮拌至完全溶化，冷却后使用。

（3）**药剂防治**　参照粉筒胸叶甲的药剂防治方法。

龟背天牛 ······

分类地位　龟背天牛[*Aristobia testudo* (Voet)]属鞘翅目（Coleoptera）天牛科（Cerambycidae）。

为害特点　成虫咬食荔枝当年的枝梢皮层呈环剥状，造成树冠上产生大量枯梢。幼虫钻蛀枝干木质部形成扁筒形纵向坑道，影响水分和营养的运输，削弱树势，严重时可导致整株树枯死（图263）。

图263　龟背天牛为害状

形态特征

　　成虫：体长20.0～35.0毫米，体宽8.0～11.0毫米，基色黑色，体背具黑色和虎皮色的绒毛斑纹。头部和腹面及足均生稀疏的黑色绒毛。雌虫触角与鞘翅等长，雄虫触角明显长于翅端（图264）。

　　卵：长约4.5毫米，长椭圆形，白色或黄色。

　　幼虫：老熟幼虫体长60.0毫米左右，扁圆筒形，乳白色，体均被稀疏细长毛。前胸背板黄褐色，后半部具深褐色"山"字形盾状隆起。

图264　龟背天牛成虫

前足退化（图265）。

　　蛹：为乳白色裸蛹，近羽化时黑色（图266）。

| 图265　龟背天牛幼虫 | 图266　龟背天牛蛹 |

发生特点

发生代数	广东、广西一年发生1代
越冬方式	以幼虫在龙眼、荔枝等枝干内越冬
发生规律	从6月上旬至11月下旬果园内均可见到成虫，7～9月为成虫发生盛期
生活习性	成虫每次能飞翔20米左右，中午多栖息在树冠荫凉处，下午至黄昏前后交尾，具假死性，突然触之即跌落于地面

防治适期　于越冬代成虫羽化盛期及成虫盛发期进行防治。

防治措施

　　（1）**农业防治**　①结合果园管理，发现有虫枝条及时剪除并烧毁，发现树皮有虫卵或初孵幼虫及时用小刀剔除消灭，发现新钻蛀的幼虫及时用小铁丝钩杀，发现有成虫则随时捕杀。②在成虫羽化盛期、产卵前的7月，利用其假死性突然摇动树枝使其落地并及时捕捉。

　　（2）**药剂防治**　幼虫蛀入木质部以后，可见新鲜虫粪排出，及时检查蛀道口，往洞孔内注射48%毒死蜱乳油、4.5%高效氯氰菊酯乳油或80%敌敌畏乳油等药剂的10倍煤油或柴油稀释液，然后用棉花或黏土封住洞口；或用小棉团蘸48%毒死蜱乳油、4.5%高效氯氰菊酯乳油或80%敌敌畏乳油原液塞进蛀道，再用黄泥土封堵洞口。

星天牛

分类地位　星天牛[*Anoplophora chinensis* (Forster)]属鞘翅目（Coleoptera）天牛科（Cerambycidae），又称为花角虫、牛角、水牛娘、水牛仔、钻木虫、铁炮虫、倒根虫。

为害特点　幼虫蛀害树干基部和主根，树干下有成堆虫粪，严重影响树体生长发育。成虫咬食嫩枝皮层，形成枯梢，也食叶形成缺刻状（图267）。

形态特征

图267　星天牛为害状

成虫：体长40.0毫米，体色为黑色，具金属光泽。触角丝状，黑白相间，雄虫触角约为体长的2倍，雌虫触角约为体长的1.5倍。前胸背板左右各有1枚白点。鞘翅上散生有许多白点，白点大小因个体不同差异较大，鞘翅基部存在黑色小颗粒（图268）。

卵：长椭圆形，初产时白色，以后逐渐变为浅黄白色。

幼虫：老熟幼虫体长38.0～60.0毫米，扁圆筒形，乳白色至淡黄色。头部褐色，长方形，中部前方较宽；单眼1对，棕褐色。前胸略扁，背板骨化区呈"凸"字形，其上方有两个飞鸟形纹（图269）。

图268　星天牛成虫

图269　星天牛幼虫

蛹：长 30.0 ～ 38.0 毫米，纺锤形，初化时黄白色，后变为黄褐色至黑色。翅芽超过腹部第 3 节后缘。

发生特点

发生代数	南方每年发生1代
越冬方式	以幼虫在被害寄主木质部内越冬
发生规律	越冬幼虫于翌年 3 月以后开始活动，5 月下旬化蛹基本结束。5 月上旬成虫开始羽化，5 月底至 6 月上旬为成虫出孔高峰
生活习性	成虫早晨较活跃，中午多停息枝端，晚上9:00后及阴雨天亦多静止，擅飞行，飞行距离可达40 ～ 50 米

防治适期 一至二龄幼虫与越冬幼虫并存期是关键防治时期。于越冬代成虫羽化盛期及成虫盛发期进行防治。

防治措施

（1）**农业防治** 生石灰 1 份，加清水 4 份，搅拌均匀后，自主干基部围绕树干涂刷 0.5 米高，可防止成虫产卵。

（2）**人工防治** 5 ～ 6 月是成虫发生盛期，可捕杀成虫；在主干基部发现星天牛产卵的刻槽后，可用小铁锤对准刻槽锤打，将其中的卵和幼虫锤死；根据排屑孔排出的木屑颜色、粗细、湿润度判断蛀食部位后，用钢丝插入刺杀或钩出幼虫。

（3）**药剂防治** 在有黄色泡沫状流胶的刻槽处涂 48% 毒死蜱乳油、4.5% 高效氯氰菊酯乳油或 80% 敌敌畏乳油等药剂的 200 倍煤油或柴油稀释液，或 2.5% 联苯菊酯水乳剂 200 倍水溶液，以毒杀卵及初孵幼虫；在有新鲜虫粪排出的蛀道口，往洞孔内注射 48% 毒死蜱乳油、4.5% 高效氯氰菊酯乳油或 80% 敌敌畏乳油等药剂 10 倍煤油或柴油稀释液，或 2.5% 联苯菊酯水乳剂 10 倍水溶液，然后用棉花或黏土封住洞口，或用小棉团蘸上述药剂原液塞进蛀道，再用黄泥封堵洞口。

白蜡脊虎天牛

分类地位 白蜡脊虎天牛（*Xylotrechus rufilius* Bates）属于鞘翅目

(Coleoptera) 天牛科（Cerambycidae）。

为害特点　幼虫孵化后沿树皮缝隙向韧皮部蛀食，将所蛀的木屑、粪便堵塞于虫道内，不排出虫道外使被害树枯萎，受害严重的树木内虫道纵横交错树势衰弱，树干表皮与木质部分离，以至于枯死（图270）。

图270　白蜡脊虎天牛为害龙眼枝干

形态特征

　　成虫：体长7.0～8.0毫米。头黑褐色，触角黑褐色。前胸背板似球形，红褐色，布满细微刻点；鞘翅黑色，在鞘翅前部有X形白色或淡黄色纹，鞘翅后半部有一横白色或淡黄色线，不覆盖腹末端；胸、腹部黑白色相间。雌虫胸腹部有一菱形白纹；雄虫鞘翅末端两侧各有一枚刺突。胸背生有短毛。足黑褐色（图271）。

图271　白蜡脊虎天牛成虫

　　卵：乳白色，椭圆形，一头稍尖，长0.3毫米。

　　幼虫：老熟幼虫体长8.0～9.0毫米。初孵乳白色渐变淡黄色，前胸较宽广，虫体前半部各节略扁平，预蛹时前胸两侧膨大。

　　蛹：蛹体长7.0～8.0毫米。初化蛹乳白色，后渐变黄褐色有光亮。

发生特点

发生代数	一般每年发生1代
越冬方式	以老熟幼虫及四龄幼虫在被害枝干内越冬
发生规律	翌年4月老熟越冬幼虫开始化蛹，四龄幼虫则继续为害。5月四龄幼虫老熟蛀入木质部呈L形预蛹室，5月下旬始见成虫
生活习性	成虫以爬行为主，遇惊扰即逃，时有飞翔

防治适期　于越冬代成虫羽化盛期及成虫盛发期进行防治。
防治措施　参照龟背天牛的防治方法。

蔗根天牛 ···

分类地位 蔗根天牛（*Dorysthenes granulosus* Thomson）又称蔗根锯天牛、蔗根土天牛，属于鞘翅目（Coleoptera）天牛科（Cerambycidae）。

为害特点 幼虫能蛀食龙眼的根部，尤其于新植龙眼果园中为害重，引起幼树生长缓慢甚至干枯死亡。

形态特征

成虫： 体长35.0～50.0毫米，棕红色，头及触角基部棕黑色，雄虫触角稍长于体长，雌虫触角仅达鞘翅的1/2，头部前额中央凹陷，上颚发达向内弯勾。前胸背板中部稍隆起，具细密刻点，两侧缘有锯齿3枚，中锯齿最长（图272）。

图272 蔗根天牛成虫

卵： 长椭圆形，长度为1.0～2.0毫米，初产时为乳白色，后为淡黄色，孵化前为灰白色，卵壳表面光滑。

幼虫： 老龄幼虫体长65.0～90.0毫米，淡白色，头部红褐色，近似梯形，两侧有浅沟，腹部1～7节正中隆起，上有扁"田"字形纹，第9节最长。

蛹： 裸蛹黄褐色，复眼紫红色，翅芽长达第4腹节，后足长达第6腹节的末端。第1～7腹节背面残存有幼虫期扁"田"字纹的痕迹。

发生特点

发生代数	南方两年发生1代
越冬方式	以老熟幼虫在龙眼根部越冬
发生规律	3月下旬至4月上旬开始化蛹。4月下旬开始有成虫出现，5月中下旬为羽化盛期。6月上旬成虫开始在树盘及根基部产卵。幼虫则在6月中旬孵化，8～9月为害根部，以后在根部取食越冬
生活习性	幼虫耐饥性强，成虫具有趋光性。交配前的雌成虫凶猛，同性之间好斗，交配后则性格温顺

防治适期 于越冬代成虫羽化盛期及成虫盛发期进行防治。

防治措施 参照龟背天牛的防治方法。

茶材小蠹 ·····

分类地位 茶材小蠹（*Xyleborus fornicatus* Eichhoff）属鞘翅目（Coleoptera）小蠹科（Scolytidae），又称茶枝小蠹，果农称之为"圈枝虫"。

为害特点 成虫、幼虫在长势差的寄主植物上钻蛀为害，多形成环状坑道，受害处外观为直径2.0毫米的小圆孔，孔口处常有细碎木屑，影响养分运输，削弱树势。受害严重时可导致园内果树成片毁灭（图273）。

图273 茶材小蠹为害状

形态特征

　　成虫：雌成虫体长2.5毫米左右，扁圆柱形，全体黑褐色。头部延伸成短喙状，复眼肾形，触角膝状，端部膨大如球。前胸背板前缘圆钝，并有不规则的小齿突，后缘近方形、平滑。鞘翅舌状，长为前胸背片的1.5倍，翅面的刻点及绒毛排成纵列。雄成虫体长约1.3毫米，黄褐色，前胸背板平滑光亮，鞘翅表面粗糙，刻点与绒毛排列不很清晰（图274）。

　　卵：长约0.6毫米，椭圆形，初产时乳白色，将孵化时淡黄白色。

图274 茶材小蠹成虫和幼虫

幼虫：老熟幼虫体长约 2.4 毫米，乳白色。体肥壮，有皱纹，前端较小，后端稍大。胸足退化（图 274）。

蛹：雌蛹体长约 2.5 毫米，初蛹时乳白色，渐变为淡黄褐色，口器、复眼和翅端颜色较深。

发生特点

发生代数	广东一年发生 6 代，世代重叠
越冬方式	主要以成虫在原蛀道内越冬，也有部分以幼虫和蛹越冬
发生规律	翌年 2 月中下旬越冬成虫外出活动。4 月上旬开始产卵。幼虫生活于母坑道中，同一坑道中有多种虫存态共存。6 月中旬为发生盛期，后下降保持在一定水平，10 月上旬中旬再次达到高峰
生活习性	多于晴天下午 2:00 ～ 4:00 时出孔活动。一般喜钻蛀直径为 1.5 ～ 2.5 厘米的枝条，从出孔到入侵需 10 ～ 180 分钟

防治适期 成虫扩散期进行重点防治。

防治措施

（1）**农业防治** 加强肥水管理，施足基肥，促进新梢生长粗壮，对受害树要重施肥料，特别是氮肥，以增强树体的抗虫能力；采果后整枝修剪时，尤其要重剪受害枝条，及时集中烧毁，减少虫源。

（2）**药剂防治** 可用 48% 毒死蜱乳油 1 000 倍液 + 机油乳剂 100 倍液进行喷雾，7 ～ 10 天再喷 1 次，枝干药量要喷匀、喷足。另外，对于蛀孔明显的枝条，可参照龟背天牛的防治方法进行注药或塞药。

坡面材小蠹 ....

分类地位 坡面材小蠹（*Xyleborus interjectus* Blandford）属于鞘翅目（Coleoptera）小蠹科（Scolytidae）。

为害特点 成虫、幼虫均能钻蛀为害，健树最初受害的部位都为 2 米以下的树干，成虫有聚集蛀害的习性，受害部蛀孔集中，常有排出的新鲜粪屑。随虫口密度的迅速增加，整个木质部虫道纵横交错，致使受害的木质部变黑、坏死，寄主也濒临枯死。

形态特征

成虫：成虫个体长3.6~4.0毫米，宽1.6~1.8毫米，长圆筒形，初羽化时黄褐色，后渐变为黑色，具强光泽。头隐藏在前胸背板下，额平阔，具大而稀的刻点，疏生细长额毛，头顶平滑散生小刻点。复眼肾形。触角茶褐色，鞭节5节。前胸背板约呈长方形，为鞘翅长度的2/3，中部凸起，顶部后移。背板前半部粗糙，具鱼鳞状齿，并疏生长毛，鳞状齿由前缘向中部突起处均匀变细，背板后半部光滑无刻点。鞘翅刻点沟清晰，列间部位上的刻点与沟内刻点同大，但排列极稀，翅后部的毛长于前部。侧面观鞘翅末端为约50°的坡面，坡面均匀缓和地起于鞘翅中部，无明显的斜面起点。足茶褐色，前足胫节一般有齿14个（图275）。

图275 坡面材小蠹成虫

卵：长0.6~0.7毫米，厚0.3~0.4毫米，乳白色，表面光滑，长椭圆形。

幼虫：老熟幼虫长3.8~4.0毫米，宽1.0~1.2毫米，嫩白色，虫体稍向腹部弯曲。头褐色。除腹面外，在每一体节中部的各条体线处生有不明显的褐色短毛一根。

蛹：长3.6~3.8毫米，宽1.4~1.6毫米。裸蛹，初期乳白色，待羽化时浅黄褐色。前胸背板疏生褐色刚毛。腹面观后足被翅芽盖住，仅露出跗节及胫节端部，可见腹节3节。

发生特点

发生代数	一般一年发生3代，世代重叠
越冬方式	主要以成虫在原蛀道内越冬，也有部分以幼虫和蛹越冬
发生规律	4月上中旬越冬成虫从木质部深处虫道迁移到外层坑道活动，寻找新的筑坑部位或易株筑坑，4月下旬至5月上旬为交配盛期，5月底至6月初为第一代成虫发生盛期，第二代7月中下旬，第三代9月上中旬，至10月上旬仍有少数成虫羽化
生活习性	健树最初受害的部位都为2米以下的树干，成虫有聚集蛀害的习性，受害部蛀孔集中

荔枝 龙眼病虫害绿色防控彩色图谱

防治适期 对健树和初遭侵害树的防治最为关键。

防治措施

（1）**清除虫源** 及早砍掉受害较重、濒死或枯死的立木，集中处理，以除虫源。

（2）**对健树和初遭侵害的树进行防治** 对健树和初遭侵害树的防治最为关键，可根据成虫初次群聚侵蛀部位低，晴暖日喜在孔口处活动等习性，于初春及此后各代成虫羽化盛期前，分别在2米以下树干周围涂刷触杀型杀虫剂。行道树因下部常刷有石灰，初侵蛀部位偏高，刷药部位也应提高。初遭蛀害的健树虫道少而浅，可用刀削去部分皮层，间隔一定时间涂敌敌畏原液熏杀成虫，或用医用大型注射器直接向坑道内注入敌敌畏乳油，均可收到良好的防治效果。

二突异翅长蠹

分类地位 二突异翅长蠹（*Heterobostrychus hamatipennis* Lesne）属于鞘翅目（Coleoptera）长蠹科（Bostrychidae）。

为害特点 以成虫、若虫在长势衰弱的枝干或原木上钻蛀为害。喜好在2级及以上分枝的叶痕和枝权处为害，并由枝条上部开始向下为害，被害枝条表面可见明显的圆形蛀孔，直径5毫米左右。害虫蛀入后在枝条内形成纵形和环形两种虫道，阻碍水分、养分的输送，影响正常生长，导致枝条极易折断甚至枯死（图276）。

形态特征

成虫： 成虫体长8.0～15.0毫米，宽3.7～4.7毫米，赤褐色至黑褐色，圆筒形，体密被黄褐色贴伏短柔毛。头部黑色，头额部中隆线明显，额前端略凹陷，表面密被黄褐色毛，后头密布细粒状突起。触角10节，膝状。前胸背板发达，前缘呈弧状

图276 二突异翅长蠹为害龙眼

凹入，覆盖住头部。鞘翅肩角明显。翅面翅缝明显隆起，在前1/5处距离较宽，呈三角形向后延伸，行沟刻点清晰，排列成行，有光泽，刻点行间有很短很细的软毛，而且第3行间明显隆起。雌虫和雄虫主要区别是：雄虫鞘翅斜面仅有一对略向内弯的钩形突，端钝，齿长1.0～1.5毫米，向后略平行延伸；雌虫的钩形突较短且稍内弯（图277）。

卵：椭圆形，长2.0～3.0毫米，宽1.5～1.8毫米。初产乳白色，将孵化时淡黄色，表面光滑，有光泽。

幼虫：体长5.0～12.0毫米，乳白色至淡黄色，上颚黑色，圆锥形，体肥厚而圆润。胸足、腹足退化。

蛹：体长8.0～12.0毫米。蛹初期乳白色，后变暗红色至黑色。蛹的腹部末节狭小，末端呈半圆形突出（图278）。

图277　二突异翅长蠹成虫

图278　二突异翅长蠹蛹

发生特点

发生代数	在江苏、浙江、安徽及四川等地区一年发生1～2代
越冬方式	以老熟幼虫在枝条及木材蛀道内越冬
发生规律	翌年4月下旬至5月上旬，越冬代幼虫开始化蛹，5月中下旬陆续羽化为成虫，6月上中旬盛发，直至7月中旬结束。第一代幼虫8月上旬前后开始化蛹，8月中下旬为成虫盛发期，到9月底第一代结束。9月中旬第二代（越冬代）卵开始孵化成幼虫，10月上旬开始化蛹，10月中旬成虫羽化，随即开始产卵，10月下旬至11月上旬卵孵化成幼虫，幼虫老熟后，进入越冬状态
生活习性	成虫可耐高温和干旱环境，常于傍晚至夜间钻出蛀孔转移寄主为害，稍有趋光性，具较强的飞行能力，钻蛀性强

防治适期 对健树和初遭侵害树的防治最为关键。

防治措施

(1) **现场检疫** 一查看蛀孔和蛀屑，根据蛀孔的大小和蛀屑的新旧判断害虫的位点，并进行剥查；二敲击可疑木块，听声音判断是否存在异常，进而剥查；三对藤本植物可根据其韧性来判断是否被害。对于二突异翅长蠹的检疫处理应严格按照我国出入境检疫法的规定进行，尤其对来自疫区的木材、木质包装和竹木藤制品等要做好检疫工作。同时，各个口岸要定期做好疫情普查，如发现疫情应立即隔离杀灭，虫情严重者应禁止其调入，防止该虫进一步蔓延。

(2) **人工防治** 在田间发现树皮出现圆形孔洞，并有木屑或白沫溢出，应用锤敲击受害部，杀死树皮下的卵或幼虫；或根据排泄孔排出的木屑颜色、湿润程度等判断蛀食部位，用钢丝插入刺杀或钩出幼虫。另外，加强肥水管理，施足基肥，促进新梢生长粗壮，对受害树要增施肥料，特别是氮肥，以增强树体抗虫能力；采果后至冬季，重剪受害枝条，及时清除、销毁死树枯枝，减少产卵场所，减少虫源。

(3) **物理防治**

①日光暴晒法。选择日光较强、气温较高的天气，将收获的枝条或木材置于日光下暴晒2～3天，能很好地防虫。

辐照处理：将收获的木材、竹材、木质包装铺垫材料等放入密封的紫外灯房间中，进行紫外线照射处理24小时左右，可达到较好的防虫效果。

②灯光诱杀法。主要针对虫害发生较重的果园，可设灯诱杀，或拉网捕杀。

(4) **生物防治** 幼虫发生初期较集中时，采用100亿孢子／克的苏云金杆菌或者白僵菌100～200倍液喷杀幼虫可达到较好的防治效果。利用斯氏线虫感染二突异翅长蠹可取得一定的防控作用。此外，要注意加强对天敌的保护利用。

(5) **化学防治**

①熏蒸法。熏蒸法是目前最为常用也最为有效的控制仓库害虫的化学防治方法。防治二突异翅长蠹要抓住该虫对药剂最敏感的时期，因幼虫对熏蒸药剂的敏感性最强，在越冬代幼虫活动期（3～4月），每平方米用内外双层包装的磷化铝12克熏蒸7.2小时，可达到较好的灭除效果。

②注药法。幼虫蛀入木质部后，需要用药剂毒杀。方法是用兽医注射

器将药液注入幼虫蛀咬的上部 1 ~ 2 个最新孔口内，然后堵住孔口防止幼虫上爬，以毒死蛀道内幼虫，药剂可选用 90% 敌百虫原药或 80% 敌敌畏乳油 50 ~ 100 倍液。或用棉花球蘸敌敌畏塞入蛀道内，然后用黏土封堵孔口，熏蒸毒死幼虫。

　　③喷雾法。重点抓紧采果后清园、修剪后及成虫羽化扩散期的化学防治，喷药以晴天午后为佳，药剂可选用 80% 敌敌畏乳油 1 000 倍液，4.5% 高效氯氰菊酯乳油 1 000 ~ 1 500 倍液，40% 噻虫啉悬浮剂 2000 倍液，48% 毒死蜱乳油 1 000 ~ 1 500 倍液或 48% 毒死蜱乳油 1 000 倍液 + 机油乳剂 100 倍液。

燧缘音狡长蠹

分类地位　燧缘音狡长蠹（*Phonapate fimbriata* Lesne）属鞘翅目（Coleoptera）长蠹科（Bostrychidae）。

为害特点　主要以成虫钻蛀荔枝枝干，造成枯枝、生长衰弱甚至死亡。成虫蛀入枝干表皮的入口稍呈椭圆形，活动旺盛时蛀入口处常见面条状木屑。蛀道一般沿韧皮部以下部位边材的木纹伸展，一般 1 条，少见分叉，枝条较细时蛀道可能位于木质部中心（图279）。

形态特征

　　成虫：体红棕色到黑色。雄虫头近方形，头顶具平滑中纵沟，唇基隆起，中间具三角形无毛区；雌虫头近圆形，前额部轻微凹陷，平坦区域周围密被红棕色直立长毛，形成一个环。眼睛黑褐色；触角短，红褐色，末端 3 节膨大；前胸背板后区有一条较浅的中间槽；雌虫前胸侧角无钩状齿，前突的三角形齿位于前缘之后。雄虫前胸稍大，前胸前角具一明显的钩状齿，位于前缘之上，着生处向前延伸。鞘翅刻点细密，排列成行；鞘

图279　燧缘音狡长蠹排泄物

图280 燧缘音狡长蠹成虫
(李云昌 提供)

翅近斜面处有3条不清晰的纵隆脊，脊端呈钝圆瘤突；足跗节第三节和第四节呈斧状，足底毛刷较发达（图280）。

发生特点 不详。

防治适期 对健树和初遭侵害树的防治最为关键。

防治措施

（1）**苗木检疫** 对调运的苗木进行检疫，采用熏蒸、药剂浸泡等方法杀灭活虫，保证种植苗木无虫。

（2）**农业防治** 及时清除、销毁死树枯枝，减少产卵场所和虫源；同时加强肥水管理，增强树势，保持种植区环境清洁，减少成虫入侵为害的机会。

（3）**物理防治** 发现蛀道可用软钢丝等插入蛀道刺杀幼虫、蛹或成虫。

（4）**药剂防治** 参照茶材小蠹的防治方法。

黑双棘长蠹

分类地位 黑双棘长蠹（*Sinoxylon conigerum* Gerstacker）属鞘翅目（Coleoptera）长蠹科（Bostrychidae）。

为害特点 主要以成虫、幼虫蛀食为害树木，被害木质物品仅留一层纸样外壳，千疮百孔，一触即破，孔附近及以下地面等处有蛀屑；部分种类为害林木、果树，钻蛀枝条，造成枝干流胶、枯死等，有时导致整株树衰弱、死亡，是我国入境植物检疫性害虫。

形态特征

成虫：体长3.5～6.0毫米，宽2.0～2.5毫米。圆筒形，暗红褐色至黑色，触角、须、足等黄褐色至红褐色；头前额沿前缘略有一横脊，脊上具4小瘤突。触角棒第1节最窄，两侧近平行，第2节比第1节略宽，第

3 节前面具细沟；前胸背板前半部具齿状或颗粒突起，两侧缘具锯齿4粒，后半部具刻点。鞘翅亚缘脊沿斜面端缘隆起而尖锐，斜面上侧无侧缘，无亚侧隆线；鞘翅斜面近中部缝缘两侧各一直立向外伸的锥形齿，粗，表面光滑，端尖，齿基窄分离；在齿与端缘之间的缝缘宽而隆起，沿缝缘外侧凹凸不平（图281、图282）。

图281　黑双棘长蠹成虫

图282　黑双棘长蠹鞘翅末端

发生特点　不详。

防治适期　对健树和初遭侵害树的防治最为关键。

防治措施　加强入境口岸的检疫把关，严防黑双棘长蠹通过苗木、木材等的调运而继续传入；重点监控来自疫区的木材、种苗，并加强对与我国陆地毗邻国家和地区的虫情预警、监测工作。迅速开展全国范围内的疫情普查工作，重点调查曾大量从发生黑双棘长蠹的国家调入木材、种苗的地区，摸清我国该虫的发生分布区域、发生程度，为防控提供依据。迅速对黑双棘长蠹开展风险性分析研究，提出科学的风险管理策略和技术，为有效防控该虫提供指导。针对已经发生黑双棘长蠹的地理隔离程度高、分散的局部区域，建议采取应急措施予以根除，严防扩散蔓延。对我国来说黑双棘长蠹是新害虫，无论在基础研究还是应用技术研究上都是空白，应迅速组织力量，开展应急防控技术及科学基础研究，为疫情防除提供可靠的技术保证。

白星花金龟

分类地位 白星花金龟[*Protaetia brevitarsis* (Lewis)]属鞘翅目（Coleoptera）花金龟科（Cetoniidae），又名白纹铜花金龟、白星花潜等。

为害特点 成虫取食荔枝的花穗，导致落花，影响坐果率；还可取食成熟的荔枝果实，导致烂果、落果（图283）。

图283 白星花金龟成虫为害荔枝果实

形态特征

成虫：体长17.0～24.0毫米，宽9.0～12.0毫米。体椭圆形，铜绿色至紫铜色，有光泽，因地域差异斑纹差别较大，体表散布众多不规则白绒斑。触角深褐色。复眼突出。前胸背板近钟形，具不规则白绒斑，后缘中部内凹。小盾片平滑。鞘翅宽大，近长方形，遍布粗大刻点，白绒斑多为横向波浪形。足较粗壮，膝部有白绒斑（图283）。

发生特点

发生代数	一年发生1代
越冬方式	以幼虫在土中越冬
发生规律	成虫5月出现，7～8月为发生盛期
生活习性	幼虫头小体肥大，多以腐败物为食，常见于堆肥和腐烂秸秆堆中，有时亦见于鸡窝中。成虫有假死性

防治适期 在越冬代成虫羽化盛期和成虫盛发期进行防治，可有效控制该虫的发生。

防治措施

（1）**翻耕土地** 对发生严重的地块，在深秋或初冬翻耕土地，直接消灭部分蛴螬，也将大量蛴螬暴露于地表，使其被冻死、风干或被小鸟啄食等。

（2）**糖醋诱杀** 利用成虫的趋化性进行糖醋诱杀，糖醋液按红糖∶米醋∶米酒∶水=5∶3∶1∶12的比例配。

（3）**人工捕捉** 利用成虫的假死习性，在成虫发生盛期，清晨温度较低时摇树震落捕杀。

（4）**药剂防治** 防治幼虫可用3%毒死蜱颗粒剂或3%辛硫磷颗粒剂配成毒土灭杀，每667平方米用5千克上述药剂兑细土20千克撒施或沟施。也可用40%辛硫磷乳油1 500倍液、4.5%高效氯氰菊酯乳油1 500倍液等进行喷洒或灌杀。成虫发生严重时可用40%噻虫啉悬浮剂1 000～1 500倍液喷杀，也可用2.5%高效氯氟氰菊酯乳油、4.5%高效氯氰菊酯乳油或48%毒死蜱乳油1 000倍液喷杀，注意最后一次喷药离采果时间要在10天以上。

小青花金龟

分类地位 小青花金龟（*Oxycetonia jucunda* Faldermann）属鞘翅目（Coleoptera）花金龟科（Cetoniidae），又名小青花潜、银点花金龟。

为害特点 幼虫主要为害花生、甘薯等寄主的地下组织，成虫咬食果树的芽、花蕾、花瓣及嫩叶。发生严重时常将花器或嫩叶吃光，影响果树的产量和树势（图284）。

形态特征

成虫：体长11.0～16.0毫米，宽6.0～9.0毫米，长椭圆形稍扁，绿色或暗绿色，常有青、紫等色闪光。头小，

图284 小青花金龟成虫为害荔枝花穗

较长，黑褐或黑色。触角鳃叶状。前胸背板半椭圆形，中部两侧盘区各具白绒斑1个，近侧缘亦常生不规则白斑，有些个体没有斑点。小盾片三角状。鞘翅狭长，侧缘肩部外凸且内弯。翅面上生有白色或黄白色绒斑，一般在侧缘及翅合缝处各具较人的斑3个；肩凸内侧及翅面上亦常具小斑数个。腹面黑褐色，具光泽，密布淡黄色毛和点刻。腹末端外露，近半圆形，中部偏上具白绒斑4个，横列或呈微弧形排列（图284）。

　　卵：椭圆形，长1.7～1.8毫米，宽1.1～1.2毫米，初呈乳白色，渐变淡黄色。

　　幼虫：体长32.0～36.0毫米，头宽2.9～3.2毫米，体乳白色，头部棕褐色或暗褐色，上颚黑褐色；前顶刚毛、额中刚毛、额前侧刚毛各1根。臀节肛腹片后部生长短刺状刚毛。

　　蛹：长14.0毫米，初淡黄白色，后变橙黄色。

发生特点

发生代数	一年发生1代
越冬方式	北方以幼虫越冬，江苏可以幼虫、蛹及成虫越冬
发生规律	成虫于5～9月陆续出现，雨后出土多，安徽8月下旬成虫发生数量多，10月下旬终见
生活习性	成虫白天活动，春季10:00～15:00，夏季8:00～12:00及14:00～17:00活动最盛。成虫喜食花器，故随寄主开花早晚转移为害，成虫飞行力强，具假死性

防治适期 成虫盛发期进行防治，可有效控制该虫的发生。

防治措施 参照白星花金龟防治方法。

斑青花金龟

分类地位 斑青花金龟[*Oxycetonia bealiae* (Gory et Percheron)]属鞘翅目（Coleoptera）花金龟科（Cetoniidae）。

为害特点 成虫为害荔枝、龙眼花器，常常造成落花，直接影响荔枝产量（图285）。

形态特征

　　成虫：体长 13.0～17.0 毫米，宽 6.0～9.5 毫米。体形稍狭长，体表散布有众多形状不同的白绒斑。唇基前面强烈收窄，前缘微上翘，中凹较深，两复眼间密披长绒毛。前胸背板近椭圆形，红褐色，两侧刻点较粗密，中间有 2 个肾形黑斑，通常黑斑中央有一浅黄色小绒斑。小盾片三角形，无刻点。鞘翅较宽，表面褐黄色大斑几乎占据了每个翅面积的 1/3，大斑后外侧有一横向卵圆形绒斑，有些还有不规则的小绒斑（图285）。

图285　斑青花金龟成虫为害荔枝花穗

　　卵：白色，球形，直径约 1.8 毫米。

　　幼虫：老熟幼虫体长 22.0～23.0 毫米，头部暗褐色，上颚黑褐色，腹部乳白色。

　　蛹：体长约 14 毫米，淡黄色，后端橙黄色。

发生特点

发生代数	一年发生 1 代
越冬方式	以幼虫在土中越冬
发生规律	在广西，越冬幼虫于 3 月中下旬前后化蛹，稍后羽化为成虫，4 月中旬至 5 月上旬是成虫活动为害盛期
生活习性	成虫飞翔力较强，多在白天活动，尤以晴天最为活跃，有群集性和假死性

防治适期 在越冬代成虫羽化盛期和成虫盛发期进行防治，可有效控制该虫发生。

防治措施 参照白星花金龟防治方法。

华南大黑鳃金龟

分类地位 华南大黑鳃金龟（*Holotrichia sauteri* Moser）属鞘翅目（Coleoptera）鳃金龟科（Melolonthidae），又名东南大黑鳃金龟。

图286 华南大黑鳃金龟为害状

图287 华南大黑鳃金龟成虫

为害特点 成虫喜食荔枝和龙眼的花，导致坐果率降低，同时还取食荔枝和龙眼的叶片造成缺刻，受害严重时，整株叶片被取食呈网状，影响树体生长（图286）。

形态特征

　　成虫：体长18.5～19.5毫米，宽9.5～10毫米。全体赤褐色带黑点，头、前胸背板颜色常稍深，相当油亮。头部黑褐色，复眼黑色；触角红褐色，鳃状。小盾片三角形；鞘翅长条形，赤褐色具黑色斑点，臀板较狭小，隆凸顶点在上半部或近中部（图287）。

发生特点

发生代数	一年发生1代
越冬方式	以幼虫在土中越冬
发生规律	翌春3月下旬至4月中旬大量出土羽化
生活习性	成虫傍晚活动、交尾，有一定的趋光性

防治适期　在越冬代成虫羽化盛期和成虫盛发期进行防治，可有效控制该虫发生。

防治措施

（1）**农业防治**　在深秋或初冬深翻土地，使大量的蛴螬暴露于地表，可直接消灭一部分蛴螬；华南大黑鳃金龟对未腐熟的厩肥有强烈趋性，常将卵产于其内，应避免使用未腐熟的厩肥，以免将虫源带入果园内；合理施用化肥，如碳酸氢铵、腐殖酸铵、氨水、氨化过磷酸钙等化学肥料，散发出氨气对蛴螬等地下害虫具有一定的驱避作用；合理灌溉，土壤温度和湿度直接影响着蛴螬的活动。

（2）**灯光诱杀**　在成虫高发期傍晚可用黑光灯、频振式杀虫灯或太阳能杀虫灯等诱杀成虫。

（3）**药剂防治**　加强预测预报工作，分别按不同土质、地势、水肥条件、茬口等选择有代表性的地块，每公顷2～3个样点，每点查1平方米，掘土深度30～50厘米，细致检查土中蛴螬及其他土栖害虫种类、发育期、数量、入土深度等，统计每平方米中蛴螬平均数量，当每平方米有3头以上时为严重发生，必须采取防治措施。可用3%毒死蜱颗粒剂或3%辛硫磷颗粒剂配成毒土灭杀，每667平方米用5千克上述药剂兑细土20千克撒施或沟施。也可用40%噻虫啉悬浮剂1 500倍液或40%辛硫磷乳油1 500倍液、4.5%高效氯氰菊酯乳油1 000倍液喷杀成虫或1 500倍液灌杀地下幼虫。

红脚丽金龟

分类地　红脚丽金龟（*Anomala cupripes* Hope）属鞘翅目（Coleoptera）丽金龟科（Rutelidae）。又名红脚绿金龟、红脚绿丽金龟。

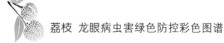

为害特点 红脚绿丽金龟的成虫将寄主叶片吃成网状，残留叶脉，重者将整株叶片吃光，受害的嫩梢呈扫帚状，嫩梢丛生，无明显主干，严重影响果木的生长和产量。幼虫为害时，先取食幼树的主根，再取食侧根，受害果木大多表现为立枯死亡。

图288 红脚丽金龟成虫

形态特征

　　成虫：体长18.0～26.0毫米，体背纯草绿色，有光泽，头比铜绿丽金龟长，前胸背板后缘弯月形。腹面及足带紫红色（图288）。

　　幼虫：乳白色，常呈C形弯曲，足3对，比较发达。

　　蛹：裸蛹，初期乳白色，渐变黄色，羽化前黄褐色。

发生特点

发生代数	在雷州半岛一年发生1代
越冬方式	以三龄幼虫越冬
发生规律	翌年3～4月化蛹。4月底成虫开始羽化，5月初至7月下旬为成虫的发生期
生活习性	成虫在白昼和黑夜均取食，只是在烈日下静伏于浓密的桉树枝丛内，在高温闷热和无风的晚间成虫活动最活跃。成虫具有较强的趋光性、假死性和在夜晚飞行的习性

防治适期 在越冬代成虫羽化盛期和成虫盛发期进行防治，可有效控制该虫发生。

防治措施

　　（1）**生物防治** 利用细菌杀虫剂防治蛴螬有一定的效果，利用较多的是日本金龟芽孢杆菌，每667平方米土地用每克含10亿活孢子的菌粉100克，均匀撒入土中，使蛴螬接触感染乳状病（牛奶病）而死。由于病菌能重复侵染，所以在土中的持效期较长，杀虫率最高达60%左右，值得推广应用。

（2）**黑光灯诱杀**　平时加强红脚丽金龟的虫情测报，在其为害的高峰期，选择有利的气候条件（高温、闷热、无风和能见度低）在晚上对其进行诱杀，在黑光灯的诱杀范围内，能取得高达82.8%的防治效果。

（3）**人工捕杀**　在前作虫害发生严重的林地，备耕整地选择蛴螬在表土层活动的高峰时期，全面翻土随即拾虫；加强对新造幼林虫情的调查，对于有被幼虫为害症状的树（叶片失水、立枯），在幼虫大量取食树根前，及时人工挖虫，防止幼树的根被蛴螬吃光后立枯死亡。利用成虫的假死性，在盛发期人工捕杀成虫，有一定的效果。

（4）**化学防治**　在成虫为害高峰期，喷90%的敌百虫晶体800～1 000倍液、75%辛硫磷乳油1 000倍液、50%杀螟硫磷乳油600倍液均可取得较好的防治效果。

（5）**地下施药**　在造林时，于树穴处施放呋喃丹、呋甲或甲基·异柳磷等，均能有效地防止蛴螬的严重发生，并能取得较好的防治效果。

斑喙丽金龟

分类地位　斑喙丽金龟（*Adoretus tenuimaculatus* Waterhouse）属鞘翅目（Coleoptera）丽金龟科（Rutelidae），别名华喙丽金龟、茶色金龟。

为害特点　成虫食叶成缺刻或孔洞，虫量较大时，在短时间内可将叶片吃光只留叶脉呈经络状（图289）。幼虫为害植物地下组织。

图289　斑喙丽金龟成虫为害荔枝果实及叶片

形态特征

成虫：体长 9.4 ～ 10.5毫米，体宽 4.7 ～ 5.3毫米。体褐色或棕褐色。

全体密被乳白色披针形鳞片，光泽较暗淡。头大，唇基近半圆形，复眼圆大，黑色。触角 10 节，鳃片部 3 节。前胸背板甚短阔，前后缘近平行。小盾片三角形。鞘翅有 3 条纵肋纹可辨。臀板短阔，呈三角形，端缘边框扩大呈 1 个三角形裸片（雄）。后足胫节外缘有一小齿突（图290）。

卵：长 1.7 ～ 1.9毫米，椭圆形，乳白色。

幼虫：体长 19.0 ～ 21.0毫米，乳白色，头部黄褐色，肛腹片有散生的刺毛21 ～ 35 根。

图290 斑喙丽金龟成虫

蛹：长10.0毫米左右，前端钝圆，后渐尖削，初乳白色，后变黄色。

发生特点

发生代数	在江西一年发生2代
越冬方式	以幼虫在土中越冬
发生规律	翌年4月下旬越冬代（第二代）开始化蛹，5月上旬开始羽化，6月下旬盛发。第一代成虫在8月下旬至9月上旬盛发
生活习性	成虫有趋光性和假死性

防治适期 在越冬代成虫羽化盛期和成虫盛发期进行防治，可有效控制该虫发生。

防治措施 参照红脚丽金龟防治方法。

中华彩丽金龟 ·········

分类地位 中华彩丽金龟（*Mimela chinensis* Kirby）属鞘翅目（Coleoptera）

丽金龟科（Rutelidae）。

为害特点 成虫咬食叶片呈不规则缺刻或孔洞，严重的仅残留叶脉，有时取食为害花或果实，取食荔枝花穗导致落花，影响坐果率。幼虫为害地下组织。

形态特征

成虫：体长约 18.0 毫米左右。体背浅黄褐色、草绿色至暗绿色，带金绿色金属光泽，头部黄褐色至浅绿色，眼睛黑褐色，触角短小、鳃状。鞘翅肩突外侧有一浅色纵条纹，有时前胸背板具 2 个不甚清晰的暗色斑。臀板黑褐带绿色金属光泽（图291）。

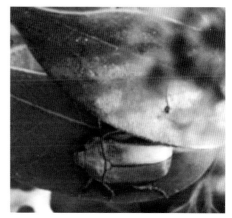

图291 中华彩丽金龟成虫

发生特点

发生代数	一年发生1代
越冬方式	以幼虫在土中越冬
发生规律	幼虫期8～10个月，成虫在广州地区每年的4月出现
生活习性	成虫有趋光性和假死性

防治适期 在越冬代成虫羽化盛期和成虫盛发期进行防治，可有效控制该虫发生。

防治措施 参照红脚丽金龟防治方法。

独角犀 ⬩⬩⬩⬩⬩⬩⬩⬩⬩⬩⬩⬩⬩⬩⬩⬩⬩⬩⬩⬩⬩⬩⬩⬩⬩⬩⬩⬩⬩⬩⬩⬩⬩⬩⬩⬩

分类地位 独角犀[*Xylotrupes gideon* (Linnaeus)]属鞘翅目（Coleoptera）犀金龟科（Dynastidae），又名独角仙、橡胶木犀金龟，俗称吱喳虫。

为害特点 成虫主要吸食荔枝树和龙眼树的树汁，造成树势减弱，影响树体生长。在果实成熟期还可为害荔枝和龙眼的果实，并致果实腐烂（图292）。

形态特征

成虫：雌雄异型，雄虫明显大于雌虫，长椭圆形。雄虫体长35.0～44.0毫米，宽18.0～24.0毫米。头及前胸背板各有一近三棱形单分叉角状突起，头部的角突上翘并向后弯，端部分叉口较深，发育差的个体角突小而短，并不向后弯曲而与头近垂直；前胸背板角突端部分叉下弯，发育差的个体仅见角突痕迹；前胸背板光亮光滑，刻点细，稀疏分布；小盾片及鞘翅光滑，小盾片近等边三角形，鞘翅臀板显著隆突。雌虫体长31.0～34.0毫米，体宽17.0～19.0毫米。头面粗糙无角突，仅额前有丘突1对，隐约可见，前胸背板亦无角突。前胸背板与鞘翅密布小刻点。其余特征同雄虫（图292）。

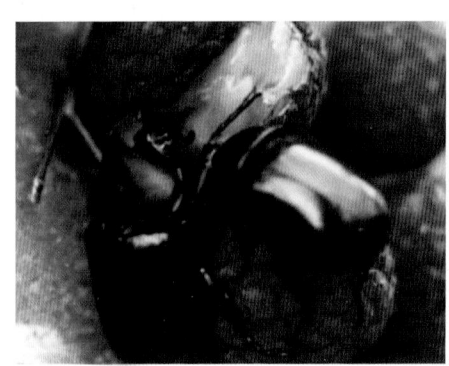

图292　独角犀成虫为害荔枝和龙眼果实

卵：圆形，直径约3.0毫米，初产乳白色，逐渐变为深黄色。

幼虫：分3龄。初孵或刚蜕皮幼虫头壳颜色较浅，黄褐色，随着生长和龄期增加，颜色变深，三龄幼虫头壳为棕黑色。老熟幼虫淡黄棕色，虫体已完全透明；体侧气门十分明显，周缘褐色加深，第1腹节气门上方褐斑大而明显，颜色加深；足黄褐色；体毛粗、硬、短，十分明显。

蛹：体长23.0～55.0毫米，宽18.0～20.0毫米，初期白色，后期通体黄棕色，雄虫角突较明显，雄蛹角状突明显，羽化前颜色变深。口器前方横列4个齿状突起。

发生特点

发生代数	一年发生1代
越冬方式	以幼虫在深20～30厘米堆肥或有机质多的土壤中越冬
发生规律	翌年4月上旬开始化蛹，4月下旬为化蛹盛期，5月上旬开始羽化，5月中旬为羽化盛期
生活习性	成虫白天潜伏在荫蔽处、覆盖物下或疏松的土壤中，晚上取食、交尾和产卵，有趋光性

防治适期　在越冬代成虫羽化盛期和成虫盛发期进行防治，可有效控制该虫发生。

防治措施

（1）**农业防治**　在成虫初出土活动时，利用其活动栖息习性，可在果园覆盖物下等各种荫蔽场所寻捕成虫予以消灭；或将烂菠萝放置于果园，诱集捕杀成虫。及时清理果园及周边堆肥和厩肥，消灭幼虫。

（2）**物理防治**　在果园安装黑光灯或频振式杀虫灯，或在果园四周用白色鱼丝网建高度5米以上围栏网捕夜晚前来食果的独角犀。

（3）**药剂防治**　对受害严重的果园，在采收前10～12天，用40%噻虫啉悬浮剂1 000～1 500倍液喷杀，4.5%高效氯氰菊酯乳油1 000～1 500倍液或2.5%高效氯氟氰菊酯乳油1 000～1 500倍液喷杀成虫效果较好。而对幼虫发生严重的果园，收果后可在树冠下撒3%毒死蜱颗粒剂或3%辛硫磷颗粒剂，每667平方米用7.5千克，与20千克细沙混合后撒施，并用浅土覆盖。

荔枝花果瘿蚊 ·······································

分类地位　荔枝花果瘿蚊属双翅目（Diptera）瘿蚊科（Cecidomyiidae），种名未定。该虫是近几年在荔枝上新发现的害虫。

为害特点　以幼虫为害荔枝的花穗、雌蕊或幼果等幼嫩组织，花梗受害初期出现微粒肿状，花穗慢慢枯死；雌蕊受害后子房膨胀，约比正常大1/3，逐渐变黄，并慢慢枯死或脱落；幼果受害部位常在果柄附近，外表皮出现茶褐色斑点，当幼果生长到黄豆大幼果分果前后、幼虫发育已接近老熟时，受害幼果开始掉落，最终受害幼果全部落光（图293）。

图293　荔枝花果瘿蚊为害荔枝花穗和果实

形态特征

　　成虫： 触角鞭节15节，第1、2节较短，末节有1对明显乳突，雄性触角为念珠状，触角上有毛，雌性触角为哑铃状。复眼较大，口器为刺吸式，喙较长，前翅膜质，后翅退化为梨形平衡棒。足细长，胫节无距（图294）。

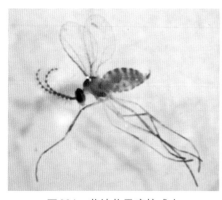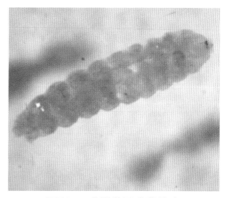

图294　荔枝花果瘿蚊成虫　　　　　图295　荔枝花果瘿蚊幼虫

　　幼虫： 老熟幼虫2.0～4.0毫米，纺锤形，茶黄色。头部退化，中胸背板上有一突出的Y形剑骨片，是弹跳器官，这是最显著的识别特征（图295）。

发生特点

发生代数	一年发生1代
越冬方式	以幼虫在深20～30厘米堆肥或有机质多的土壤中越冬
发生规律	翌年开春开始化蛹羽化，羽化成虫一般于3～4月在长5厘米的荔枝花穗上产卵。发生期往往与荔枝的物候期有着密切的联系，每年成虫只在荔枝的花期至幼果期出现
生活习性	成虫白天活动为主，气温低和阴雨天不利于其活动，不善飞翔

防治适期　在荔枝开花前和谢花后及时展开防治效果最佳。

防治措施

（1）**毒土防治**　每年3月初，在荔枝花果瘿蚊成虫羽化前（花穗前期），每667平方米用3%辛硫磷颗粒剂8千克拌细沙20千克，均匀撒于荔枝树冠周围土壤中，并耙土覆盖，毒杀刚羽化的成虫。

（2）**药剂防治**　在荔枝开花前和谢花后分别喷1次药，可用一些对花和幼果安全的高效低毒药剂，如4.5%高效氯氰菊酯乳油1 000～1 500倍液、2.5%高效氯氟氰菊酯乳油1 000～1 500倍液、1.8%阿维菌素乳油2 000～2 500倍液等进行喷雾。

荔枝叶瘿蚊 ·······························

分类地位　荔枝叶瘿蚊（*Litchiomyia chinensis* Yang et Luo）属双翅目（Diptera）瘿蚊科（Cecidomyiidae）。

为害特点　以幼虫钻入嫩叶组织为害，初期出现水渍状点痕，后点痕逐渐向叶片的上下两面同时隆起形成小瘤状的虫瘿。该虫严重发生时一片小叶上可有上百粒虫瘿，被害叶片虫瘿累累，致叶片扭曲变形。大量发生时明显抑制叶片光合作用，引起叶片干枯、提早脱落，导致树势衰退。荔枝叶瘿蚊在各种荔枝品种的嫩叶上均可产卵，但淮枝受害较重，黑叶次之，糯米糍和桂味受害稍轻，三月红抗虫性强（图296）。

形态特征

成虫：雌成虫体长1.5～2.1毫米，纤弱、似小蚊状，头小于胸，触

图296 荔枝叶瘿蚊为害状

角细长，念珠状，各节环生刚毛。前翅灰黑色，半透明，腹部暗红色，足细长。雄成虫体长1.0～1.8毫米，触角哑铃形，各节除环生刚毛外还长有环状丝（图297）。

卵：直径约0.05毫米，椭圆形，无色透明。

幼虫：体长2.0～2.8毫米，前期无色透明，老熟时橙红色。头小腹末大，前胸腹面有一黄褐色Y形骨片（图298）。

蛹：体长1.8～2.0毫米。初期橙红色，后渐变为暗红色，羽化前翅、复眼、触角黑色。

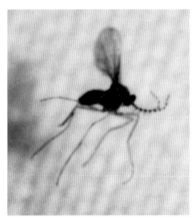

图297 荔枝叶瘿蚊成虫

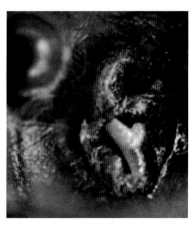

图298 荔枝叶瘿蚊幼虫

发生特点

发生代数	广东一年发生7代
越冬方式	以幼虫在被害叶上的虫瘿中越冬
发生规律	翌年2月下旬至3月，越冬幼虫老熟后钻出虫瘿入土化蛹，3月下旬至4月上旬成虫羽化出土，飞到果树上栖息、交尾、产卵
生活习性	成虫飞翔力不强，主要借助风力飞翔。偏好为害茂密、潮湿的果园

防治适期 每年越冬幼虫入土化蛹前（2月下旬至3月初）和成虫羽化出土时（3月下旬至4月上旬）为防治该虫的最佳时期。

防治措施

（1）**农业防治** 合理修剪，保持果园通风透光；注意排水，降低果园湿度；合理施肥，促进各期新梢抽发整齐。

（2）**人工防治** 直接剪除虫害发生较多的枝叶。

（3）**药剂防治** 每667平方米用3%辛硫磷颗粒剂5千克、2.5%溴氰菊酯乳油150毫升、4.5%高效氯氰菊酯150毫升或40%辛硫磷乳油500克，分别与20千克细沙或泥粉拌匀后，均匀撒在树冠下和四周表土，并浅耕园土，使药混入土壤。此外，新梢抽发期虫瘿出现前用4.5%高效氯氰菊酯乳油、2.5%溴氰菊酯乳油、2.5%高效氯氟氰菊酯乳油或48%毒死蜱乳油等药剂兑水1 000～1 500倍液进行喷雾，每个梢期喷2次。

龙眼叶球瘿蚊 ·····································

分类地位 龙眼叶球瘿蚊（*Dimocarpomyia folicola* Tokuda & Yukawa）属于双翅目（Diptera）瘿蚊科（Cecidomyiidae）。

为害特点 以幼虫在龙眼叶片背面的中脉和主侧脉取食为害，形成近圆球形的棕红色虫瘿，每瘿具1头幼虫，瘿体有一小柄与叶相连，每个受害叶片有虫瘿数粒至数十粒（图299、图300）。

图299 龙眼叶球瘿蚊为害龙眼叶片

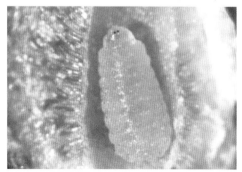

图300 虫瘿内的幼虫

形态特征

  成虫：雌成虫体长2.5毫米，胸宽0.4毫米，体呈烟褐色。头小，复眼很大，触角线状细长，共14节，柄节较粗大，梗节球状，鞭节末节为纺锤状，其余各节均为长柱形并布有稀疏短毛。前胸短小，中胸发达拱起，小盾片横宽，泡沫状。翅脉退化、简单。平衡棒黑色。雄成虫较小，体长1.5毫米，胸宽0.5毫米。腹部卵形，较粗短。

发生特点

发生代数	不详
越冬方式	不详
发生规律	每年4月中下旬为成虫羽化盛期
生活习性	幼虫在虫瘿内取食、生长、化蛹，成虫从虫瘿中羽化而出

防治适期 成虫羽化盛期进行防治。
防治措施 参照荔枝叶瘿蚊的防治方法。

墨胸胡蜂 ··

分类地位 墨胸胡蜂（*Vespa nigrithorax* Buysson）属膜翅目（Hymenoptera）胡蜂科（Vespidae），又名黑胸胡蜂、黄脚虎头蜂、赤尾虎头蜂。

为害特点 杂食性昆虫，成虫既能捕食蚊、虻、蝇、蜜蜂，也能咬食荔枝、苹果、梨、葡萄及猕猴桃等水果，造成果皮开裂，果肉腐烂，无法食用（图301）。

形态特征

  成虫：雌蜂体长29.0～31.0毫米，雄蜂体长21.0～23.0毫米，工蜂体长20.0～22.0毫米。体黑褐色，密布刻点和毛。头略窄于胸，头顶、上颊、后头黑色，下颊黄褐色；触角窝上方黑色；两触角窝间黄褐色，唇基黄褐色，有2个叶状突起。胸部黑色，两肩角明显。中胸背板两侧各有一条纵线。小盾片中央有一纵沟。腹部第1~3节背板黑色，仅端部边缘有一棕色窄边，第2节棕色带明显，第4节背板端部边为一中央有凹陷的棕色宽带；第5、6节背板均呈暗棕色；第2、3节腹板黑色边缘有一较宽的中央略凹陷的棕色横带；第4、5、6节腹板均呈暗棕色。前足腿节末端背面和胫节内侧及跗节黄褐色，其余黑色。中、后足除跗节黄褐色外，其余黑色（图301）。

图301　墨胸胡蜂成虫为害荔枝

　　工蜂、雄蜂：形态特征与雌蜂基本一致。雄蜂腹部7节，工蜂个体略小。

发生特点

发生代数	社会性昆虫，蜂后可终身产卵繁殖
越冬方式	以成虫在墙缝、树洞、灌木丛中越冬
发生规律	3~5月是越冬蜂后开始单独营巢、产卵、哺育第一子代的时期，8~9月(第三代)开始出现雄蜂，10~12月(第三代至第四代)群势趋于高峰期，1月底受精雌蜂开始离巢集结越冬
生活习性	成虫飞翔力强，捕食凶狠

防治适期　3~5月是越冬蜂后开始单独营巢、产卵、哺育第一子代的时期，为防治的最佳期。

防治措施

　　(1) **物理捕杀**　用捕虫网将墨胸胡蜂网住，然后用脚踩死网内的墨胸胡蜂。

　　(2) **诱杀法**　用青蛙肉、瘦猪肉、雄蜂蛹和鱼肉拌多杀霉素进行诱杀。注意不能拌有气味的农药。

（3）**涂药毁巢法** 将"毁巢灵"或滑石粉与氟虫腈混合制成粉剂，或1～2滴氟虫腈加入5毫升水摇匀制成水剂后装入瓶中，接着将用捕虫网活捉的墨胸胡蜂放入盛有粉剂农药的瓶中，使其振翅，最后释放墨胸胡蜂归巢，达到毁巢的目的。

红火蚁

分类地位 红火蚁（*Solenopsis invicta* Buren）属于膜翅目（Hymenoptera）蚁科（Formicidae）切叶蚁亚科（Myrmicinae）火蚁属（*Solenopsis*），又名入侵红火蚁。

为害特点 侵害荔枝园或龙眼园，在田间建巢形成的巨大土（蚁）丘给耕作、除草造成了巨大的麻烦，破坏灌溉系统，妨碍农民工作，直接影响正常生产。除此之外，还能攻击果园内的其他生物，导致物种多样性降低，生态平衡遭到破坏。最主要的影响就是导致果园内天敌的数量急剧下低，常会造成某类害虫大量暴发，给农民带来巨大的损失（图302）。

图302 荔枝和龙眼园中的红火蚁巢穴

形态特征

　　红火蚁属社会性昆虫，有多个品级，包括雌蚁、雄蚁和不具生殖能力的工蚁。工蚁又可分为大型工蚁（兵蚁）和小型工蚁等多型。

　　蚁后和有翅雌蚁：有翅雌蚁体长 8.0 ～ 10.0 毫米，头及胸部棕褐色，腹部黑褐色，着生翅 2 对，头部细小，触角呈膝状，胸部发达，前胸背板明显隆起；蚁后腹部较有翅雌蚁膨大，无翅，其他方面两者相似。蚁后平均寿命为 6 ～ 7 年（图 303，图 304）。

　　有翅雄蚁：体长 7.0 ～ 8.0 毫米，体黑色，着生翅 2 对，头部细小，触角呈丝状，胸部发达，前胸背板明显隆起。有翅雄蚁婚飞即死，所以巢中一般不存在无翅雄蚁（图 303）。

　　　　1　　　　2　　　　3　　　　4　　　　5　　　　6　　　　7

　　图 303　红火蚁工蚁（左 1 ～ 5）及有翅生殖蚁（左 6 ～ 7）（许益镌　提供）

　　工蚁：实际上就是发育不全无生殖能力的雌蚁，按体型大小分为小型工蚁、中型工蚁和大型工蚁，外形基本相似。工蚁负责搜寻和收集食物，喂食、照顾幼蚁及蚁后，防卫巢穴，将蚁后搬离危险处等工作。任务的分工导致工蚁体型大小具有多样性，体型最小的仅 2.0 毫米，最大的可以达 9.0 毫米。工蚁体色棕红色至棕褐色，略有光泽，不同体型工蚁体色略有差异。工蚁头部略呈方形，复眼细小，由数十个小眼组成，黑色。触角共 10 节，鞭节端部两节膨大呈棒状。胸腹连接处有两个腹柄节，第 1 节结呈扁锥状，第 2 节结呈圆锥状。前胸背板前端隆起，中、后胸背板的节间缝明显。腹部卵圆形，末端有螯刺伸出。工蚁会用上颚咬住被攻击者，腹部从腹柄处弯曲呈 C 形将毒液注入对方体内，这也是直观辨别红火蚁的方法（图 303）。

　　卵：卵圆形，直径为 0.23 ～ 0.30 毫米，乳白色（图 304）。

　　幼虫：共 4 龄，各龄均乳白色，一至二龄幼虫体表较光滑，三至四龄幼虫体表被短毛，四龄幼虫上颚骨化较深，略呈褐色（图 305）。

蛹：裸蛹，乳白色，工蚁蛹体长 0.7 ~ 0.8毫米，有性生殖蚁蛹体长5.0 ~ 7.0毫米，触角、足均外露（图304、图306）。

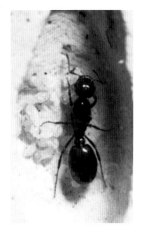

图304　红火蚁蚁后、卵和
蛹（许益镌　提供）

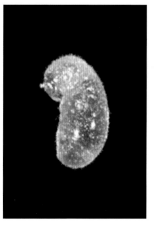

图305　红火蚁幼虫
（许益镌　提供）

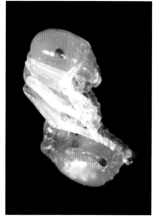

图306　红火蚁蛹
（许益镌　提供）

发生特点

发生代数	社会性昆虫，蚁后可终身产卵繁殖
越冬方式	一年四季均可昼夜活动，无明显越冬现象
发生规律	每年12月至翌年1月出巢觅食为害的红火蚁数量不多，2 ~ 4月出巢数量逐渐增多，5月达到为害高峰，之后出土为害种群数量逐渐减少；9月后又迅速增加，至10月达到全年第二个高峰
生活习性	工蚁凶狠好斗，攻击性极强

防治适期　12月至翌年1月红火蚁活动能力不强，对其进行集中灭杀，可有效控制其种群数量。

防治措施

（1）**加强检疫和例行监测**　对从疫区运输来的苗木等应加强检疫，一旦发现疫情，及时清除，严格控制容易携带红火蚁的媒介物体从疫区带入其他地区。此外，还应对疫区红火蚁的发生动态进行监测，可利用诱饵法（火腿肠），对红火蚁的发生动态进行例行监测。对未发生地区应提高警惕，一旦发现及时上报扑杀。

（2）**物理防治**　①沸水处理。向蚁巢内直接灌入沸水，每隔 5 ～ 10 天灌 1 次，连续 3 ～ 4 次，防除效果近 60%，但处理区域很容易再发生。②水淹。挖掘整个蚁丘并放入水中浸泡 24 小时以上将红火蚁淹死。

（3）**生物防治**　红火蚁的天敌有捕食性天敌、寄生性天敌和病原微生物。捕食性天敌主要是指生殖蚁的捕食者，如鸟类、青蛙、蜻蜓、蜘蛛等。我国发现蜻蜓——黄蜓（*Pantala flavescens* Fabricius）在红火蚁婚飞时，聚集于蚁巢上方捕食婚飞的有翅蚁。寄生性天敌主要有寄生蚤蝇、寄生蚁、寄生蜂、捻翅目昆虫和螨类等。病原微生物有小芽孢真菌（*Thelohania solenopsae*）和白僵菌等，小芽孢真菌是一种能感染多种火蚁的微孢子虫，能引起蚁后体重下降，产卵量减少。生物防治方法到目前为止还无法证明是行之有效的。

（4）**药剂防治**　①粉剂触杀。0.2%茚虫威杀蚁粉剂每巢15 ～ 20克或 0.1%高效氯氰菊酯杀虫粉剂每巢 15 ～ 20克，用其中一部分在蚁巢四周撒一圈，然后铲松整个蚁丘表层使红火蚁涌出，并迅速将剩下的药剂均匀撒施于红火蚁身上。②灌巢灭杀。可用 40%毒死蜱乳油、1.8%阿维菌素乳油或 4.5%高效氯氰菊酯乳油等触杀性较好的药剂配成 1 000 ～ 1 500 倍水溶液向蚁巢内灌入，操作时先用钢钎向蚁巢内部插入，形成 3 ～ 5 个孔洞，深度 50 ～ 80厘米，以破坏蚁巢内部的防水结构，此法防控效果好，但工作量较大，可在蚁巢数量较少时使用。③毒饵诱杀。可用 1%氟虫胺杀蚁饵剂每巢15 ～ 20克、0.73%氟蚁腙杀蚁饵剂每巢15 ～ 20克、0.045%茚虫威杀蚁饵剂每巢 4 ～ 6克或0.015%多杀霉素杀蚁饵剂，绕蚁巢边缘一周均匀撒施。

黑翅土白蚁 ·······························

分类地位　黑翅土白蚁[*Odontotermes formosanus*（Shiraki）]属等翅目（Isoptera）白蚁科（Termitidae）。

为害特点　以工蚁为害荔枝树皮、浅木质部以及根部，常在树干上形成大块蚁路，阻碍水分和养分运输，使树体长势衰弱。若其侵入木质部，则树干枯萎，常导致荔枝树整株死亡（图307）。

图 307　黑翅土白蚁为害状

形态特征

　　有翅繁殖蚁：发育共7龄。全体呈棕褐色，体长27.0～29.5毫米；翅展45.0～50.0，黑褐色；触角19节；前胸背板后缘中央向前凹入，中央有一淡色"十"字形黄色斑，两侧各有一圆形或椭圆形淡色点，其后有一小而带分支的淡色点（图308）。

　　蚁王：为雄性有翅繁殖蚁发育而成，体较大，翅易脱落，体壁较硬，体略有收缩（图309）。

　　蚁后：为雌性有翅繁殖蚁发育而成，体长70.0～80.0毫米，体宽13.0～15.0毫米。无翅，色较深。体壁较硬，腹部特别大，白色腹部上呈现褐色斑块（图309）。

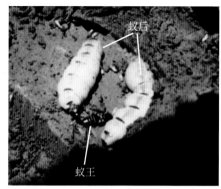

图 308　黑翅土白蚁有翅繁殖蚁　　　　图 309　黑翅土白蚁蚁王和蚁后

　　兵蚁：发育共 5 龄，末龄兵蚁体长 5.0 ～ 6.0 毫米。乳白色，头部深黄色，胸、腹部淡黄色至灰白色，头部发达，背面呈卵形，长大于宽；复眼退化；触角 16 ～ 17 节；上颚镰刀形。前胸背板元宝状，前窄后宽，前部斜翘起。前、后缘中央皆有凹刻。兵蚁有雌雄之别，但无生殖能力。

　　工蚁：发育共 5 龄，末龄工蚁体长 4.6 ～ 6.0 毫米。头部黄色，近圆形。胸、腹部灰白色；触角 17 节，头顶中央有一圆形下凹的肉；后唇基显著隆起，中央有缝。腹部常带有一些内含物（图310、图311）。

图310　黑翅土白蚁幼蚁和工蚁

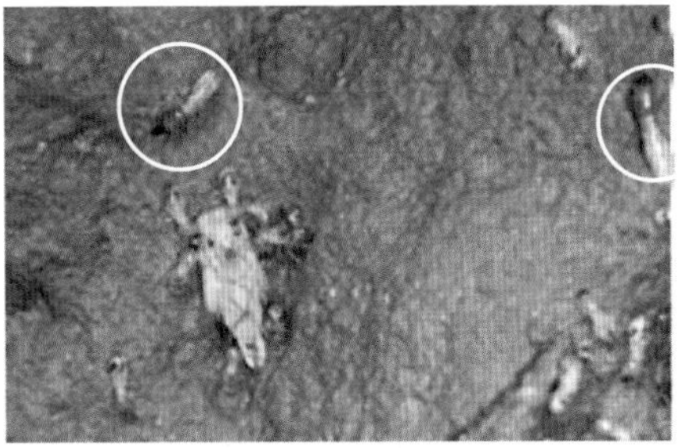

图311　黑翅土白蚁工蚁

　　卵：乳白色，长椭圆形，长径 0.6 ～ 0.8 毫米，短径约 0.4 毫米。一边较为平直（图312）。

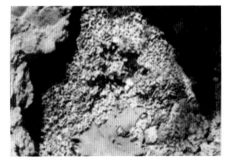

图312　黑翅土白蚁主巢中的卵块

发生特点

发生代数	社会性昆虫，蚁后可终身产卵繁殖
越冬方式	以成虫在蚁巢（图313）中越冬
发生规律	在福建、江西、湖南等省，11月下旬开始转入地下活动，12月除少数工蚁或兵蚁仍在地下活动外，其余全部集中到主巢。翌年 3 月初，气候转暖，开始出土觅食为害。5 ～ 6 月形成第 1 个为害高峰期，入秋的 9 月后，逐渐形成第 2 个为害高峰期
生活习性	黑翅土白蚁具有趋光性，群栖性，好斗性，护群性，喜湿怕水，喜温怕冷，喜爱整洁等习性

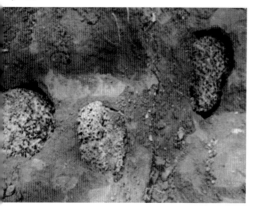

图313　黑翅土白蚁蚁巢

防治适期 开春天气转暖前，该虫活动力较差，对其进行集中灭杀，可有效控制其种群数量。

防治措施

（1）**物理防治** ①分飞期在园内设置诱虫灯，诱集有翅繁殖蚁，缩小扩散范围。②冬季挖巢灭蚁，把高度集中在巢内的黑翅土白蚁一网打尽。可根据蚁路、群飞孔、鸡枞菌等判断黑翅土白蚁巢位，如蚁路的颜色为褐色且多纤维质，则为地上木材或树心巢；如蚁路成分以土质为主，则地下巢的可能性大；由于黑翅土白蚁建有主、副巢，并会产生补充的繁殖蚁，所以挖巢往往不能根除。

（2）**潜所诱杀** 在黑翅土白蚁活动季节设诱集坑或诱集箱，放入劈开的松木、甘蔗渣、芒萁、稻草等，用淘米水或红糖水淋湿，上面覆盖塑料薄膜和泥土，待 7～10 天诱来白蚁后，喷施10%吡虫啉悬浮剂 100～200 倍液、24%氟虫腈悬浮剂 100 倍液或5%联苯菊酯悬浮剂 100 倍液，然后按原样放好，继续引诱，直到无白蚁为止。

（3）**毒饵诱杀** 将 0.5% 杀白蚁饵剂或 0.08% 杀蚁饵片投放在有白蚁活动的部位，如蚁路、分飞孔、被害物的边缘或里面。

茶黄蓟马 ···

分类地位 茶黄蓟马（*Scirtothrips dorsalis* Hood）属缨翅目（Thysanoptera）蓟马科（Thripidae），又称茶叶蓟马、茶黄硬蓟马。

为害特点 以成虫、若虫在荔枝嫩叶叶背吸取汁液，特别是秋梢萌发期为害最重。嫩叶受害边缘向内卷曲呈波纹状不能伸展，叶片变狭，叶脉淡黄绿色，叶面呈黄色锉伤点，似花叶状，最后叶片失去光泽，僵硬变脆容易脱落；而新梢顶芽受害生长点受抑制，造成枝叶丛生或顶芽萎缩，生长停滞，不能形成来年结果母枝，导致减产甚至绝收。同时影响树冠扩展，容易出现"老化树"现象（图314）。

图314　茶黄蓟马为害荔枝和龙眼嫩梢

形态特征

　　成虫: 成虫体长约0.9毫米, 黄色, 胸侧稍暗。头宽约为头长的1.8倍。复眼大、稍突出, 暗红色; 单眼3个鼎立, 鲜红半月形。触角8节, 暗黄色。前胸宽为长的1.5倍, 后缘有1对粗短刺。前翅狭长、橙黄色, 前缘鬃24根, 前脉鬃基部4+3根, 端鬃3根, 其中中部1根、端部2根, 后脉鬃2根。腹部第3~8节背面前缘有一暗色带, 第8腹节后缘栉齿状突起明显(图315)。

　　卵: 肾形, 长约0.2毫米, 初期乳白, 半透明, 后变淡黄色。

　　若虫: 初孵若虫白色透明, 复眼红色, 触角粗短, 以第3节最大。头、胸约占体长的一

图315　茶黄蓟马成虫

半, 胸宽于腹部。二龄若虫体长0.5 ~ 0.8毫米, 淡黄色, 触角第1节淡黄色, 其余暗灰色, 中后胸与腹部等宽, 头、胸长度略短于腹部长度。三龄若虫(前蛹)黄色, 复眼灰黑色, 触角第1、2节大, 第3节小, 第4~8节渐尖。翅芽白色透明, 伸达第3腹节。四龄若虫(蛹)黄色, 复眼前半红色, 后半部黑褐色。触角倒贴于头及前胸背面。翅芽伸达第4腹节(前期)至第8腹节(后期)(图316)。

图316 茶黄蓟马若虫

发生特点

发生代数	广州一年发生 10 ～ 11 代，世代重叠
越冬方式	无明显越冬现象
发生规律	5月虫口开始上升，9 ～ 10 月达高峰
生活习性	具趋嫩性，多集中在新梢、嫩芽和芽下为害。自然状态下雄虫较少。成虫无趋光性，但对绿色、黄色的色板趋性强

防治适期 一龄若虫发生高峰期为最佳防治期，且应在早期虫口密度较低时实施防治措施。

防治措施

（1）**农业防治** 采收荔枝后结合修剪荫生枝、枯枝和徒长枝，把受害枝叶剪除，并集中烧毁；施足促梢肥，促使梢期发梢整齐健壮统一，剪除零星秋梢。

（2）**生物防治** 荔枝茶黄蓟马的主要天敌有中华草蛉（*Chrysoperla sinica* Tjeder）、七星瓢虫（*Coccinella septempunctata*）和小花蝽（*Orius* sp.），可以保护利用。

（3）**药剂防治** 在嫩叶展开初期用 10% 吡虫啉可湿性粉剂 1 500 ～ 2 000 倍液、1.8% 阿维菌素乳油 1 000 ～ 1 500 倍液、25% 噻虫嗪水分散粒剂 3 000 ～ 3 500 倍液、5% 多杀霉素悬浮剂 1 000 ～ 1 500 倍液等，每隔 5 ～ 7 天喷 1 次，每个梢期喷 2 次。

长角直斑腿蝗

分类地位 长角直斑腿蝗[*Stenocatantops splendens* (Thunberg)]属直翅目（Orthoptera）蝗科（Acrididae），又称为白条细蝗、细线斑腿蝗。

为害特点 成虫和幼虫取食荔枝叶片，常造成缺刻。

形态特征

　　成虫：头至翅端长 35.0 ～ 45.0 毫米。体色淡褐色；上翅体侧部分黑褐色，翅基至后脚基部间具白色斜条纹；后脚腿节内下侧与胫节红色（图317）。

图317　长角直斑腿蝗成虫

发生特点

发生代数	一年发生1代
越冬方式	以成虫滞育越冬
发生规律	越冬成虫2月底3月初开始取食交配，3月下旬开始产卵，结束于5月上旬。5月初至6月若虫开始孵出，6月下旬为高峰期，7月底至8月初成虫开始羽化，9月底至10月初成虫基本长成
生活习性	食性杂，阳光充足时喜在低矮植物上活动

防治适期 3月初越冬代成虫活动期和6月下旬低龄若虫的孵化高峰期，这两个时期都是防治长角直斑腿蝗的最佳时期。

防治措施

（1）**农业防治** 在冬季深翻土层，使卵块暴露被取食或被冻死，或使卵块埋入深层土壤后不能孵化而自然死亡；在果园内及周边尽量少种植玉米、小麦、水稻等禾本科作物，并清除杂草，减少其食物源。

（2）**生物防治** ①保护和利用青蛙、蜥蜴、鸟、线虫、步甲、蚂蚁等天敌生物。②用蝗虫微孢子虫、绿僵菌和印棟素等生物农药防治。③在长角直斑腿蝗发生时，园内放养鸡和鸭啄食。

（3）**药剂防治** 在长角直斑腿蝗一至二龄跳蝻期进行防治。可用48%毒死蜱乳油1 000倍液、4.5%高效氯氰菊酯乳油1 000～1 500倍液、2.5%高效氯氟氰菊酯乳油1 000～1 500倍液等进行喷雾。

荔枝叶螨

分类地位 荔枝叶螨（*Oligonychus litchii* Lo et Ho）属蜱螨目（Acarina）叶螨科（Tetranychidae）。

为害特点 该螨偏好在荔枝的老叶片正面取食为害，也可为害果实。以锋利的口针刺破细胞而吸取汁液，被害叶片呈现黄白色小斑点，严重时造成叶片变褐至落叶。由于其体色暗红，加上所蜕白色的皮和黑色的排泄物，以及其排泄物和所分泌的少量丝网上所黏住的灰尘，常给人以叶片脏污的感觉（图318）。

形态特征

成螨：雄成螨长度为0.32～0.38毫米，宽度为0.18～0.20毫米。体型瘦削，颜色浅红色，行动敏捷。雌成螨长度为0.40～0.55毫米，宽度为0.26～0.35毫米。体卵圆形，背部隆起。刚羽化时颜色为浅红色，随着日龄

图318 荔枝叶螨为害状

的增加颜色逐渐变成深红色。背部的刚毛比幼螨、若螨要明显很多（图319）。

卵：扁圆球形，表面有光泽。初产乳白色，随着时间推移，卵会逐渐变黄，孵化前能隐约看到两个红色的眼点（图320）。

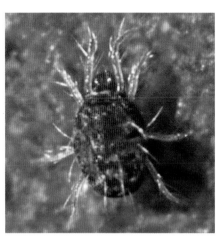

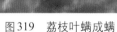

图319　荔枝叶螨成螨　　　　　　图320　荔枝叶螨卵

幼螨：长度为0.18～0.26毫米，宽度为0.12～0.15毫米。初生幼螨的颜色为淡黄色，3对足，随着时间的推移颜色会变成黄褐色。

前若螨：长度为0.27～0.32毫米，宽度为0.17～0.20毫米。前若螨有4对足，颜色为黄褐色。

后若螨：长度为0.32～0.42毫米，宽度为0.20～0.28毫米。后若螨与前若螨形态相似，仅体型更大，颜色更深。

发生特点

发生代数	不详
越冬方式	不详
发生规律	6～8月荔枝叶螨的种群数量维持在较低的水平，4月及10月为荔枝叶螨为害高峰期
生活习性	荔枝叶螨幼螨孵化后，会向周围乱爬，探索附近的环境，几分钟后开始取食。有拉丝结网的习性，可以在丝网上活动栖息。雌成螨产卵后，会吐丝将整个卵覆盖住

防治适期 4月及10月为荔枝叶螨为害高峰期，此时期进行防治效果最佳。

防治措施

（1）**农业防治** 加强肥水管理，促发梢期统一；及时修剪受害梢叶。

（2）**生物防治** 荔枝叶螨的天敌有食螨瓢虫、日本方头甲、塔六点蓟马、草蛉、长须螨和钝绥螨等，应注意保护；释放捕食螨建立天敌种群，控制叶螨发生为害。

（3）**药剂防治** 春季气温20℃以下有些药剂效果较差，应选择非感温性药剂，如噻螨酮、四螨嗪、哒螨灵、唑螨酯和三唑锡等。23℃以上较好的药剂有炔螨特、单甲脒、双甲脒、苯丁锡等，切勿全园喷有机磷或菊酯类农药。噻螨酮和四螨嗪可杀卵和幼螨，但不杀成螨，需与其他杀成螨药剂混用，如乙螨唑、丁醚脲、螺螨酯、螺虫乙酯等。

荔枝瘿螨

分类地位 荔枝瘿螨（*Eriophyes litchii* Keifer）属蜱螨目（Acarina）瘿螨科（Eriophyidae），又称荔枝瘿壁虱、毛蜘蛛、毛毡病、象皮病等。

为害特点 主要为害荔枝叶片，其次为害花穗、嫩茎及果实。以成螨、若螨吸食寄主汁液，引起受害部位畸变，形成毛瘿，毛瘿内的寄主组织因受刺激而产生灰白绒毛，以后逐渐变成黄褐色、红褐色至深褐色，形似毛毡状。被害叶叶片毛瘿表面失去光泽，凹凸不平，甚至肿胀、扭曲；花器受害，器官膨大，不能正常开花结果；幼果受害，极易脱落，影响荔枝产量；成果受害，果面布满凹凸不平的褐色斑块，影响果实品质（图321、图322）。

形态特征

成螨：体极微小，狭长蠕虫状，长0.2毫米。体色淡黄色至橙黄色。头小向前伸出，其端有螯肢和须肢各1对；头胸部有足2对；腹部渐细而且密生环毛，末端具长尾毛1对（图323）。

卵：圆球形，光滑半透明，乳白色至淡黄色。

若螨：体形与成螨相似但更微小，初孵化时虫体灰白色，半透明，随

图321　荔枝瘿螨为害嫩叶和花穗

图322　荔枝瘿螨引发的毛毡病

着若螨发育渐变为淡黄色，腹部环纹不明显。
尾端尖细，不具生殖板。

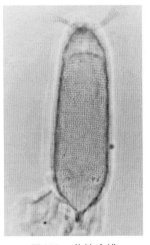

图323　荔枝瘿螨

发生特点

发生代数	一年发生10～16代，世代重叠
越冬方式	以成螨和若螨在毛瘿中越冬
发生规律	翌年3月初开始活动，3～5月和10～11月是为害高峰期
生活习性	偏好为害树势弱、枝条过密、荫枝多的树木和树冠下部或中部的嫩梢

防治适期 越冬代成螨和若螨活动期及为害高峰期进行防治，能有效控制荔枝瘿螨的种群数量。

防治措施

（1）**农业防治** 采果后剪除被害枝叶、弱枝、过密枝、荫蔽枝和枯枝，集中烧毁，改善果园通风透光条件，减少虫源。搞好常规管理，合理施肥，增强树势，提高植株的抗逆性。控制冬梢抽发，恶化和中断食料来源，减少越冬虫源，从根本上提高抗御能力。

（2）**物理防治** 果园熏烟。坚持一年四季结合清园进行积制土皮灰熏烟。方法是在每次新梢转绿的阶段，按荔枝园大小，分3～5点适当均匀分散，烧制土皮灰时在其中加入鲜桉枝叶（细叶桉的枝叶更好）微火熏蒸烟雾，有熏蒸触杀荔枝瘿螨和驱逐其在荔枝新梢为害的作用。

（3）**生物防治** 保护和利用自然界中的捕食螨等天敌，对控制荔枝瘿螨发生具有积极作用。在广州，卵形真绥螨种群数量大，是控制荔枝瘿螨的优势种，并且易于人工大量繁殖，大有利用前景。

（4）**药剂防治** 重点保护秋梢、花穗和幼果，尤其是上一年毛毡病发生重的果园，可用50%溴螨酯乳油2 000倍液、1.8%阿维菌素乳油1 500倍液、15%哒螨灵乳油1 000倍液、20%双甲脒乳油1 000倍液、20%唑螨酯悬浮剂2 000倍液等喷雾，每间隔15～20天再喷1次。此外，还可用丁醚脲、乙螨唑、螺螨酯、联苯肼酯、螺虫乙酯等杀螨剂兑水喷雾。

龙眼瘿螨 ·····························

分类地位 龙眼瘿螨 (*Eriophyes dimocarpi* Kuang) 属蜱螨目 (Acarina) 瘿螨科 (Eriophyidae)。

为害特点 以成螨、若螨及幼螨刺吸龙眼新梢顶芽及花穗中的汁液，导致花穗节间缩短，小花不能正常开放发展成臃肿花丛，久不脱落，广东果农俗称"鬼花"。新梢受害呈弓形爪状，叶缘内卷，不能展开，果农称之为"鬼梢"。"鬼花"不能成果严重影响产量（图324）。

图324　龙眼瘿螨为害嫩梢和花穗

形态特征

　　成螨：体微小，肉眼难分辨，胡萝卜形，颜色为淡黄色至灰白色。头小，隐于胸部背板之下，胸部背后有龟甲状纹斑，横向3行，每行7～8片。腹面2对短小的足，腹部后半部分体背有环纹约40环，腹面有环纹约60环。第3腹节两侧有刚毛1对。

　　卵：钢盔形，直径0.04毫米，厚约0.013毫米，白色，半透明，有光泽。

　　若螨：体形似成螨，体长0.077毫米，乳白色，半透明，头部圆钝，腹部环纹明显。

　　幼螨：体形似成螨，但头胸部比腹部大，稍圆，体较尖削，长0.065毫米，白色，半透明。足2对，腹部环纹明显。接近蜕皮时足向内缩，体表呈薄膜状，整个躯体圆拱。

荔枝 龙眼病虫害绿色防控彩色图谱

发生特点

发生代数	全年均可为害，一年发生多代，世代重叠
越冬方式	无明显越冬现象
发生规律	一年中花期时虫口密度最高，一朵小花内可藏匿百头以上的瘿螨，子房、花药上也带螨，秋梢期的虫口密度次之，夏梢又次之
生活习性	喜阴畏光，有群集为害的习性，先在荫蔽处为害，然后向外扩散，营半自由生活

防治适期 根据群集为害习性，抓住花期前虫口密度不高时期进行灭杀。

防治措施 参照荔枝瘿螨的防治方法。

附 录

我国禁用和限用的农药种类 ·····························

中文通用名	禁止使用范围
六六六、滴滴涕、毒杀芬、二溴氯丙烷、杀虫脒、二溴乙烷、除草醚、艾氏剂、狄氏剂、汞制剂、砷类、铅类、敌枯双、氟乙酰胺、甘氟、毒鼠强、氟乙酸钠、毒鼠硅、甲胺磷、甲基对硫磷、对硫磷、久效磷、磷胺、苯线磷、地虫硫磷、甲基硫环磷、磷化钙、磷化镁、磷化锌、硫线磷、蝇毒磷、治螟磷、特丁硫磷、氯磺隆、福美胂、福美甲胂、百草枯水剂、胺苯磺隆、甲磺隆、三氯杀螨醇	禁止使用的40种农药
甲拌磷、甲基异柳磷、内吸磷、克百威、涕灭威、灭线磷、硫环磷、氯唑磷、水胺硫磷、灭多威、氧乐果、硫丹、杀扑磷	禁止在蔬菜、果树、茶树、中草药材上使用，禁止用于防治卫生害虫
氰戊菊酯	禁止在茶树上使用
丁酰肼（比久）	禁止在花生上使用
溴甲烷	禁止在草莓、黄瓜上使用
氟虫腈	除卫生用、玉米等部分旱地种子包衣剂外，禁止在其他方面使用
溴甲烷、氯化苦	登记使用范围和施用方法变更为土壤熏蒸，撤销除土壤熏蒸外的其他登记
毒死蜱、三唑磷	自2016年12月31日起，禁止在蔬菜上使用
氟苯虫酰胺	自2018年10月1日起，禁止在水稻上使用
克百威、甲拌磷、甲基异柳磷	自2018年10月1日起，禁止在甘蔗作物上使用

广州晚熟荔枝主要病虫害防治历

生育期	时间	主要防控对象	绿色防控技术措施
秋梢发育期	采果后至末次秋梢老熟(7月上至10月底)	尺蛾、卷叶蛾、毒蛾、叶瘿蚊、瘿螨、蒂蛀虫、炭疽病等	整齐放梢,剪除荫梢;用频振式杀虫灯诱杀有趋光性的成虫;喷药保梢,可用高效氯氰菊酯、高效氯氟氰菊酯、氯氟氰菊酯、溴氰菊酯等菊酯类或毒死蜱加除虫脲兑水喷雾,有瘿螨为害的果园可加入阿维菌素、哒螨灵、螺螨酯等杀螨剂;根据病害发生及天气情况施药,药剂使用参考正文各病害防治方法
花芽分化期	末次秋梢老熟后至"白点"显现,约在11月上旬至次年1月底	尺蛾、卷叶蛾、毒蛾、瘿螨、蒂蛀虫、越冬病原菌等	开展冬季清园工作。结合冬季修剪,剪除病虫枝、枯枝、瘦弱枝等,清理地上枯枝落叶、落果,深埋或集中烧毁
开花前期	3月中旬至下旬	蝽、尺蛾、卷叶蛾、毒蛾、花果瘿蚊、瘿螨、蒂蛀虫、霜疫霉病、炭疽病等	开花前3～5天全园喷施杀虫剂及广谱、保护性杀菌剂。杀虫剂可用高效氯氰菊酯、高效氯氟氰菊酯、氯氟氰菊酯、溴氰菊酯等菊酯类药剂或毒死蜱加敌百虫兑水喷雾,保护性杀菌剂可用80%代森锰锌可湿性粉剂等;有瘿螨为害的果园可加入阿维菌素、哒螨灵、螺螨酯等杀螨剂,然后挂平腹小蜂人工卵卡
谢花坐果期	4月上旬至中旬	蝽、尺蛾、卷叶蛾、毒蛾、花果瘿蚊、瘿螨、蒂蛀虫、霜疫霉病、炭疽病等	针对虫害,谢花后3～5天全园施药一次,可用高效氯氰菊酯、高效氯氟氰菊酯、氯氟氰菊酯、溴氰菊酯等菊酯类或毒死蜱加敌百虫兑水喷雾。有瘿螨为害的果园可加入阿维菌素、哒螨灵、螺螨酯等杀螨剂,再挂平腹小蜂人工卵卡;针对病害可根据病害发生情况及天气情况进行施药,一般在病害发生初期开始施药,隔10～15天施药一次,具体可根据实际病害预测结果缩短或延长施药间隔期防治

（续）

生育期	时间	主要防控对象	绿色防控技术措施
果实发育期	果实分大小至果实"圆身"，大约在4月中旬至5月下旬	蒂蛀虫、蝽、霜疫霉病、炭疽病等	及时捡拾落地果；监测蒂蛀虫和蝽发生高峰期，确定施药适期，药剂可选用高效氯氰菊酯、高效氯氟氰菊酯、氯氟氰菊酯、溴氰菊酯等菊酯类农药加敌百虫或除虫脲兑水喷雾；病害防治方法同上
果实膨大至成熟期	5月下旬至果实采收	蒂蛀虫、霜疫霉病、炭疽病等	监测预警蒂蛀虫的发生量及高峰期，确定施药适期；药剂可选用菊酯类农药加除虫脲；病害防治方法同上
采收期	6月下旬至7月上	蒂蛀虫、霜疫霉病、炭疽病等	采收前最后一次药必须符合安全间隔期要求

参考文献

陈炳旭，董易之，陈刘生，等，2010. 荔枝粗胫翠尺蛾的鉴定及生物学特性研究 [J]. 果树学报，27（2）：261-264.

成家宁，2010. 尺蛾在荔枝园的发生特点及防控策略 [J]. 热带作物学报，31（9）：1564-1570.

陈厚彬，庄丽娟，黄旭明，等，2013. 荔枝龙眼产业发展现状与前景[J]. 中国热带农业 (2)：12-18.

陈景耀，柯冲，凌开树. 1990. 龙眼鬼帚病的研究 I. 病史、病状、分布与为害[J]. 福建省农科院学报，5(1)：34-38.

陈景耀，柯冲，许长藩，等. 1990. 龙眼鬼帚病的研究 II. 传病途径[J]. 福建省农科院学报，5(2)：1-6.

陈景耀，柯冲，叶旭东. 1994. 龙眼鬼帚病的研究 III. 病毒病原的确认[J]. 中国病毒学，9(2)：138-142.

董易之，徐淑，陈炳旭，等，2016. 荔枝蒂蛀虫幼虫龄数及各发育阶段在不同温度下的发育历期 [J]. 昆虫学报，58（10）：1108-1105.

董易之，徐海明，徐淑，等，2015. 间伐与密闭荔枝园主要害虫种类调查及防控[J]. 广东农业科学，42（21）：75-80

何等平，唐伟文，2006. 荔枝龙眼病虫害防治彩色图说 [M]. 北京：中国农业出版社.

何衍彪，詹儒林，李伟才，等，2011. 我国荔枝上的一种新害虫[J]. 环境昆虫学报，33（1）：126-127.

匡石滋，田世尧，许林兵，等，2012. 南方果树病

REFERENCES

虫害防治手册[M]. 北京：中国农业出版社.

陆永跃，洗继东，李云昌，等，2012. 一种危害荔枝的新害虫——燧缘音狡长蝽[J]. 广东农业科学（12）：83-84.

戚佩坤，2000. 广东果树真菌病害志[M]. 北京：中国农业出版社.

彭成绩，蔡明段，2003. 荔枝龙眼病虫害无公害防治彩色图说[M]. 北京：中国农业出版社.

吴学步，杜家义，2012. 6种杀虫剂对荔枝蒂蛀虫田间药效比较[J]. 中国南方果树，41（1）：61-62.

吴珍泉，陈星文，徐祖进，等. 1999. 龙眼主要害虫卵的新天敌——中华微刺盲蝽[J]. 福建农业大学学报：自然科学版，28（3）：382-383.

姚振威，刘秀琼，1990. 为害荔枝和龙眼的两种细蛾科昆虫[J]. 昆虫学报，33（2）：207-212.

张荣，陈厚彬，何平，等，2010. 荔枝白粉病的发生与防治[J]. 果树学报，27（4）：641-644.

张绍升，吴珍泉，陈星文，2002. 龙眼荔枝病虫害诊治图谱[M]. 福州：福建科学技术出版社.

张英杰，陈轶，陈炳旭，等，2011. 筛选寄生荔枝蛀蒂虫卵的赤眼蜂种类研究初报[J]. 广东农业科学，38（17）：59-61.

曾赞安，梁广文，刘文惠，等，2007. 关于两种赤眼蜂寄生荔枝蒂蛀虫卵的首次报道[J]. 昆虫天敌，29（1）：6-9，10，11.

周忠实，2004. 龙眼荔枝卷叶蛾类集合种群构成及主要防治技术研究[D]. 南宁：广西大学.

图书在版编目（CIP）数据

荔枝 龙眼病虫害绿色防控彩色图谱/陈炳旭等编
著.—北京：中国农业出版社，2020.1
（扫码看视频.病虫害绿色防控系列）
ISBN 978-7-109-25690-3

Ⅰ.①荔… Ⅱ.①陈… Ⅲ.①荔枝-病虫害防治-图
谱②龙眼-病虫害防治-图谱 Ⅳ.①S436.67-64

中国版本图书馆CIP数据核字（2019）第142979号

中国农业出版社出版
地址：北京市朝阳区麦子店街18号楼
邮编：100125
责任编辑：郭晨茜 国 圆 孟令洋
责任校对：沙凯霖
印刷：北京通州皇家印刷厂印刷
版次：2020年1月第1版
印次：2020年1月北京第1次印刷
发行：新华书店北京发行所
开本：880mm×1230mm 1/32
印张：6.75
字数：200千字
定价：38.00元